Bahne Christiansen

Optimale Multiprozesse

Bahne Christiansen

Optimale Multiprozesse

Theorie und Anwendung

Südwestdeutscher Verlag für Hochschulschriften

Impressum/Imprint (nur für Deutschland/only for Germany)
Bibliografische Information der Deutschen Nationalbibliothek: Die Deutsche Nationalbibliothek verzeichnet diese Publikation in der Deutschen Nationalbibliografie; detaillierte bibliografische Daten sind im Internet über http://dnb.d-nb.de abrufbar.
Alle in diesem Buch genannten Marken und Produktnamen unterliegen warenzeichen-, marken- oder patentrechtlichem Schutz bzw. sind Warenzeichen oder eingetragene Warenzeichen der jeweiligen Inhaber. Die Wiedergabe von Marken, Produktnamen, Gebrauchsnamen, Handelsnamen, Warenbezeichnungen u.s.w. in diesem Werk berechtigt auch ohne besondere Kennzeichnung nicht zu der Annahme, dass solche Namen im Sinne der Warenzeichen- und Markenschutzgesetzgebung als frei zu betrachten wären und daher von jedermann benutzt werden dürften.

Verlag: Südwestdeutscher Verlag für Hochschulschriften GmbH & Co. KG
Dudweiler Landstr. 99, 66123 Saarbrücken, Deutschland
Telefon +49 681 37 20 271-1, Telefax +49 681 37 20 271-0
Email: info@svh-verlag.de

Zugl.: Münster, Westfälische Wilhelms-Universität, Diss., 2011

Herstellung in Deutschland:
Schaltungsdienst Lange o.H.G., Berlin
Books on Demand GmbH, Norderstedt
Reha GmbH, Saarbrücken
Amazon Distribution GmbH, Leipzig
ISBN: 978-3-8381-2754-5

Imprint (only for USA, GB)
Bibliographic information published by the Deutsche Nationalbibliothek: The Deutsche Nationalbibliothek lists this publication in the Deutsche Nationalbibliografie; detailed bibliographic data are available in the Internet at http://dnb.d-nb.de.
Any brand names and product names mentioned in this book are subject to trademark, brand or patent protection and are trademarks or registered trademarks of their respective holders. The use of brand names, product names, common names, trade names, product descriptions etc. even without a particular marking in this works is in no way to be construed to mean that such names may be regarded as unrestricted in respect of trademark and brand protection legislation and could thus be used by anyone.

Publisher: Südwestdeutscher Verlag für Hochschulschriften GmbH & Co. KG
Dudweiler Landstr. 99, 66123 Saarbrücken, Germany
Phone +49 681 37 20 271-1, Fax +49 681 37 20 271-0
Email: info@svh-verlag.de

Printed in the U.S.A.
Printed in the U.K. by (see last page)
ISBN: 978-3-8381-2754-5

Copyright © 2011 by the author and Südwestdeutscher Verlag für Hochschulschriften GmbH & Co. KG and licensors
All rights reserved. Saarbrücken 2011

Vorwort

Die vorliegende Doktorarbeit entstand während meiner Tätigkeit als wissenschaftlicher Mitarbeiter am Institut für Numerische und Angewandte Mathematik der Westfälischen Wilhelms–Universität Münster.

Herrn Prof. Dr. Helmut Maurer gilt mein herzlicher Dank für die stets wohlwollende und freundliche Betreuung dieser Arbeit sowie für viele hilfreiche Diskussionen. Herrn Prof. Dr. Oliver Zirn danke ich für die Bereitstellung und Erläuterung der interessanten Anwendungsmodelle aus der Mechatronik.

Ich bedanke mich bei den Arbeitsgruppen von Prof. Dr. Kok Lay Teo an der Curtin University in Perth und von Dr. Yalcin Kaya an der University of South Australia in Adelaide für die vielen inspirierenden Diskussionen während meines Auslandsaufenthaltes als DAAD–Stipendiat in Australien.

Mein ganz besonderer Dank gilt meinen Eltern, die mich während der gesamten Promotionsphase liebevoll unterstützt haben.

Inhaltsverzeichnis

Vorwort	i
Inhaltsverzeichnis	ii
Abbildungsverzeichnis	iv
1. Einführung	**1**
2. Grundlagen optimaler Steuerprozesse	**5**
2.1. Formulierung des Standardproblems	5
2.2. Das Minimumprinzip von Pontryagin	10
2.3. Hinreichende Optimalitätsbedingungen	12
2.4. Steuerprozesse mit linear auftretender Steuerung	14
2.5. Steuerprozesse mit regulärer Hamilton–Funktion	18
3. Theorie optimaler Steuerprozesse mit reinen Zustandsbeschränkungen	**23**
3.1. Einführung von reinen Zustandsbeschränkungen	24
3.2. Notwendige Optimalitätsbedingungen	28
3.2.1. Funktionalanalytische Grundlagen	29
3.2.2. Erweitertes Minimumprinzip mit Stieltjes–Integral	31
3.2.3. Eigenschaften der Multiplikatorfunktion	34
3.2.4. Erweitertes Minimumprinzip mit Riemann–Integral	37
3.3. Die indirekte Methode zur Ankopplung der Zustandsbeschränkung	38
3.4. Existenz einer optimalen Lösung	41
3.5. Hinreichende Optimalitätsbedingungen	41
3.6. Junction Theoreme	42
3.6.1. Linear auftretende Steuerung	43
3.6.2. Reguläre Hamilton–Funktion	45
4. Optimale Multiprozesse mit reinen Zustandsbeschränkungen	**49**
4.1. Problemformulierung	50
4.2. Transformation eines Multiprozesses auf einen gewöhnlichen Steuerprozess	53

4.3. Ein Minimumprinzip für optimale Multiprozesse mit reinen Zustandsbeschränkungen 56

5. Numerische Lösungsverfahren 63
5.1. Nichtlineare Optimierungsprobleme 64
    5.1.1. Problemformulierung 64
    5.1.2. Notwendige und hinreichende Optimalitätsbedingungen 66
    5.1.3. Sensitivitätsanalyse 69
    5.1.4. Lösungsverfahren für nichtlineare Optimierungsprobleme ... 72
5.2. Direkte Verfahren zur Lösung optimaler Steuerprozesse 76
    5.2.1. Diskretisierung eines optimalen Steuerprozesses 76
    5.2.2. Konsistenz der Lagrange–Multiplikatoren 78
    5.2.3. Steuerprozesse mit bang–bang Steuerungen 80
5.3. Indirekte Verfahren zur Lösung optimaler Steuerprozesse 82
    5.3.1. Das Einfach–Schießverfahren 83
    5.3.2. Die Mehrzielmethode 84

6. Anwendungsmodelle 87
6.1. Optimale Steuerung eines einachsigen Roboterarms 88
6.2. Optimale Steuerung eines Voice Coil–Motors 93
    6.2.1. Modellbeschreibung 95
    6.2.2. Die zeitoptimale Steuerung 102
    6.2.3. Die energieminimale Steuerung 114
6.3. Optimale Steuerung von Werkzeugmaschinen 117
    6.3.1. Problemformulierung 118
    6.3.2. Die zeitoptimale Steuerung 121
    6.3.3. Die dämpfungsoptimale Steuerung: Ruckbegrenzung 126
6.4. Optimale Steuerung von gekoppelten Spin–Systemen 128

A. AMPL–Sourcecode: Roboterarm 133

B. NUDOCCCS–Sourcecode: Voice Coil–Motor 137

C. MATLAB–Sourcecode: Spin–System 145

Literaturverzeichnis 147

Abbildungsverzeichnis

3.1. Beispiel: Verlauf einer Trajektorie mit reinen Zustandsbeschränkungen 26

4.1. Unterteilung $t_0 < t_1, \cdots < t_N$ des Intervalls $[0, T]$ 50
4.2. Lokalisierung der Randbedingungen des aufgestockten Prozesses bzgl. des ursprünglichen Zeitintervall $[0, T]$. 55

6.1. Typischer Modellaufbau eines Roboterarms 89
6.2. Zeitoptimale Steuerung des Roboterarms (Problem (6.6)). 92
6.3. Modellaufbau eines Voice Coil–Motors zur Simulation über MATLAB und Simulink (Institut für Prozess– und Produktionsleittechnik, TU Clausthal) 94
6.4. MATLAB®/Simulink® – Blockschaltbild, (Institut für Prozess– und Produktionsleittechnik, TU Clausthal) . . 95
6.5. Reales Beschleunigungs– und Bremsverhalten durch Vorgabe von Sollwert–Kurve für die Position des Schlittens. 95
6.6. Prinzipskizze des Voice Coil–Motors, [ZIRN 2006] 99
6.7. Stromkreislauf der Spule, [ZIRN 2006] 99
6.8. $u_{\max} = 2$: Zeitoptimale Lösung auf skaliertem Zeitintervall $[0, 1]$. . . . 104
6.9. $u_{\max} = 3$: Zeitoptimale Lösung auf skaliertem Zeitintervall $[0, 1]$. . . . 105
6.10. $u_{\max} = 2$: Vergleich der vorgegebenen (durchgezogene Linie), simulierten (gepunktete Linie) und experimentell ermittelten Lösung (Strichpunktlinie). 110
6.11. $u_{\max} = 3$: Vergleich der vorgegebenen (durchgezogene Linie), simulierten (gepunktete Linie) und experimentell ermittelten Lösung (Strichpunktlinie). 110
6.12. $u_{\max} = 3$, $|v_1 - v_2| \leq 0.1$: Zeitoptimale Lösung auf normalisiertem Intervall $[0, 1]$ unter reinen Zustandsbeschränkungen $|v_1(t) - v_2(t)| \leq 0.1$. 112
6.13. $u_{\max} = 3$: Energieoptimale Lösung auf skaliertem Zeitintervall $[0, 1]$. . 116
6.14. Beispiele für industrielle Werkzeugmaschinen. 117
6.15. Blockdiagramm zur Steuerung einer CNC–Maschine 120
6.16. Ergebnisse der CNC–Steuerung (open loop) des Maschinenwerkzeugs 121

6.17. $u_{\max} = 2000$: Zeitoptimale Lösung zur Steuerung der Werkzeugmaschine 123
6.18. $u_{\max} = 2000$, $|v_\varphi(t)| \leq 0$: Zeitoptimale Lösung 126
6.19. $u_{\max} = 2000$: Dämpfungsoptimale Lösung 127
6.20. Optimale Impulsketten für das Problem (QC) mit $N = 3$ linear gekoppelten Spins auf skaliertem Zeitintervall $[0, 1]$. 131

1. Einführung

In vielen Bereichen lassen sich reale Prozesse sehr präzise mit Hilfe eines mathematischen Modells beschreiben. Bei dynamischen Abläufen besteht ein solches Modell meist aus Differentialgleichungen, die das Zusammenwirken und die gegenseitige Beeinflussung unterschiedlicher Systemkomponenten beschreiben.
Die Theorie optimaler Steuerprozesse beschäftigt sich mit Modellen, auf deren Ablauf man von außen Einfluss nehmen kann, indem man zeitabhängige Steuerfunktionen in das System einführt. Man möchte diejenigen Steuerfunktionen bestimmen, die einen für den Anwendungsfall spezifischen optimalen Nutzen bewirken.
Bei einem optimalen Steuerprozess wird das System zu jedem Zeitpunkt durch einen Zustand beschrieben, mit welchem alle zeitabhängigen Größen des Modells durch numerische Werten quantifiziert werden. Die *Dynamik* des Systems beschribt die kontinuierliche Änderung des Zustands x und die Einflussnahme seitens der Steuerung u durch ein System von gewöhnlichen Differentialgleichungen der Form

$$\dot{x} = f(x, u).$$

Von dieser Dynamik eines Steuerprozesses wird üblicherweise gefordert, dass die Funktion f in jedem Zeitpunkt zumindest stetig sein sollte. Ist diese Forderung jedoch durch die realitätsnahe Modellierung nicht zu erfüllen, so führt dies auf die Verwendung von optimalen Multiprozessen, die eine Verallgemeinerung des standardmäßigen optimalen Steuerprozesses darstellen. Bei einem Multiprozess wird das gesamte Problem in mehrere zeitliche Abschnitte untergliedert und auf jedem der Teilabschnitte ein eigenständiger Steuerprozess mit individueller Dynamik und Zielfunktional formuliert.
Des Weiteren ergibt sich aus dem realen Prozess oft, dass die Zustandskomponenten nicht beliebige Werte annehmen können, sondern auf einen bestimmten Bereich beschränkt sind. Daher führt man *reine Zustandsbeschränkungen* ein, die dafür sorgen,

dass sich der Zustand im Laufe des Prozesses durch die Dynamik nicht außerhalb des zulässigen Wertebereiches bewegt.

Diese Arbeit beschäftigt sich mit optimalen Multiprozessen mit reinen Zustandsbeschränkungen. Zu Beginn werden in Kapitel 2 die grundlegenden Begriffe und Bezeichnungen zur Formulierung eines optimalen Steuerprozesses in der Standardform zusammengestellt. Hierbei wird zunächst bewusst auf reine Zustandsbeschränkungen verzichtet, die in Kapitel 3 besprochen werden. Es wird die Transformierbarkeit zwischen verschiedenen Formulierungen optimaler Steuerprozesse erläutert, die es einem ermöglicht, das Modell auf eine für die jeweilige Anwendung günstige Form zu übertragen. Anschließend werden mit dem *Minimumprinzip von Pontryagin et al.*, [PONTRYAGIN 1967], notwendige Bedingungen für die Optimalität einer Lösung präsentiert. Unter gewissen Konvexitätsannahmen sind diese Bedingungen sogar hinreichend für die Optimalität.

In Kapitel 3 wird der zuvor diskutierte Steuerprozess um Beschränkungen im Zustandsraum erweitert. Derartige Probleme treten oft bei mechanischen Prozessen auf. Typische Anwendungsfelder sind die Robotik und der Maschinenbau, bei denen beispielsweise Größen wie der Ort oder die Geschwindigkeit beteiligter Systemkomponenten aufgrund des physikalischen Rahmens beschränkt werden müssen. Weitere Anwendungen sind durch Modelle aus den Wirtschaftswissenschaften und aus der Luft- und Raumfahrt gegeben.

Zunächst werden funktionalanalytische Grundlagen erläutert, die für das Verständnis der folgenden Theorie notwendig sind. Anschließend werden aufbauend auf den Resultaten des vorigen Kapitels notwendige Optimalitätsbedingungen in Gestalt eines erweiterten Minimumprinzips vorgestellt. Dieses Minimumprinzip ist in der Literatur hinlänglich bekannt und ausgiebig diskutiert worden. Es gibt zahlreiche unterschiedliche Ansätze zur Formulierung und Herleitung, siehe [KNOBLOCH 1975], [MAURER 1979b], [HARTL 1995] oder [BONNANS 2010]. Anschließend wird auf die Differenzierbarkeit einer im Minimumprinzip auftretenden Multiplikatorfunktion eingegangen, welche es ermöglicht, die adjungierte Integralgleichung in einer für die Praxis nützlichen Form als Differentialgleichung zu schreiben. Für einige Klassen von zustandsbeschränkten Steuerprozessen gibt es zudem hinreichende Optimalitätsbedingungen. Falls die sogenannte strikte Legendre–Clebsch–Bedingung erfüllt ist, machen [MAURER 1995] und [MALANOWSKI 2004] Aussagen zu hinreichenden Optimalitätsbedingungen. Für Probleme, deren optimale Lösung von bang–bang Struktur ist, sind hinreichende Optimalitätsbedingungen in [MAURER 2004] und [OSMOLOVSKII 2005, 2007] diskutiert worden.

In Kapitel 4 wird die Theorie auf optimale Multiprozesse mit reinen Zustandsbeschränkungen übertragen. Ein optimaler Multiprozess in der allgemeinen Form ist gegeben durch ein dynamisches Optimierungsproblem, welches aus mehreren unabhängigen Steuerprozessen mit individuellen Dynamiken und Zielfunktionalen besteht. Diese Einzelprozesse werden durch Bedingungen an die Zustände in den Anfangs- und Endzeitpunkten miteinander verknüpft. Ein häufig auftretender Spezialfall ist ein Steuerprozess, bei dem das Systemverhalten in endlichen vielen Zeitpunkten zwischen verschiedenen gegebenen Dynamiken wechselt. Dies kann in Anwendungen durch Reibungseffekte oder impulsartigen Änderungen von einwirkenden Kräften bedingt sein.

Für optimale Multiprozesse ohne reine Zustandsbeschränkungen werden notwendige Optimalitätsbedingungen in [CLARKE 1989a, 1989b] vorgestellt. Hinreichende Optimalitätsbedingungen zweiter Ordnung, die auf der Positiv–Definitheit einer zugeordneten quadratischen Form basieren, findet man in [AUGUSTIN 2000].

Das zentrale Resultat in Kapitel 4 ist die Herleitung eines erweiterten Minimumprinzips für optimale Multiprozesse mit reinen Zustandsbeschränkungen. Zur Vorbereitung werden zunächst wichtige theoretische Grundlagen optimaler Multiprozesse erläutert. Außerdem werden Techniken zur Transformation optimaler Multiprozesse aufgezeigt, die für den Beweis des Minimumprinzips eine wichtige Rolle spielen.

Bei vielen Anwendungsmodellen ist es nicht möglich, auf analytischem Wege eine optimale Lösung herzuleiten. In diesen Fällen ist man auf numerische Rechenverfahren angewiesen. In Kapitel 5 werden deshalb effiziente numerische Lösungsverfahren für optimale Steuer- und Multiprozesse vorgestellt. Dabei liegt der Schwerpunkt auf den sogenannten direkten Verfahren, deren wesentliche Idee darin besteht, den kontinuierlichen Steuerprozess zu diskretisieren und dadurch ein endlich–dimensionales Optimierungsproblem zu erhalten, welches mit geeigneten Algorithmen gelöst werden kann. Es werden verschiedene Diskretisierungstechniken erläutert und Zusammenhänge zwischen den Optimalitätsbedingungen des diskreten Problems und des optimalen Steuerprozesses untersucht.

Die in den Kapiteln 2–4 vorgestellte Theorie wird im abschließenden Kapitel 6 mit Hilfe praxisrelevanter Modelle aus unterschiedlichen Anwendungsfeldern numerisch überprüft. Im Vordergrund steht dabei die Diskussion und Auswertung der notwendigen und hinreichenden Optimalitätsbedingungen.

Zunächst wird die optimale Steuerung eines einachsigen Roboterarms untersucht. Der betrachtete Multiprozess besitzt reine Zustandsbeschränkungen und ist wegen seiner vergleichsweise geringen Komplexität gut geeignet, um das erweiterte Minimumprinzip detailliert auszuwerten und mit den numerischen Ergebnissen zu vergleichen.

Das nächste Anwendungsmodell handelt von der optimalen Steuerung eines Servomotors. Bei der Modellierung muss eine Coulombsche Reibungskraft berücksichtigt werden, die auf Unstetigkeiten in der Dynamik führt. Folglich fällt auch dieses Problem in die Klasse optimaler Multiprozesse. Reine Zustandsbeschränkungen dienen der Einhaltung physikalischer Rahmenbedingungen. Die Trajektorien der optimalen Lösung wurden in einem Testlabor des Institut für Prozess- und Produktionsleittechnik an der TU Clausthal unter realen Bedingungen validiert. Die Vorteile in der Anwendung optimaler Steuerprozesse konnten durch diese Simulation eindrucksvoll bestätigt werden.

Im Folgenden wurde die optimale Steuerung von Werkzeugmaschinen diskutiert. Bei diesen Maschinen wird großer Wert auf die Vibrationsdämpfung von beteiligten Systemkomponenten gelegt. Diese Zielsetzung lässt sich einerseits durch reine Zustandsbeschränkungen realisieren und andererseits durch die Minimierung eines Penalty-Funktionals, welches große Schwingungen in den entsprechenden Variablen bestraft.

Das letzte Modell entstammt dem Gebiet der Kernspinresonanz-Spektroskopie. Basierend auf der zeitabhängigen Schrödinger-Gleichung wird ein optimaler Steuerprozess vorgestellt, mit Hilfe dessen die zeitoptimale Überführung eines gekoppelten Spin-Systems in einen gewünschten Zielzustand bestimmt wird.

Im Anhang dieser Arbeit befindet sich der Sourcecode von drei ausgewählten Programmen zur numerischen Lösung der verschiedenen Anwendungsmodelle. Das erste Programm in der Modellierungssprache AMPL veranschaulicht exemplarisch die zeitoptimale Lösung eines Multiprozesses nach dem Prinzip der vollen Diskretisierung. Das folgende NUDOCCCS-Programm implementiert die Energie-minimierende Steuerung des Servomotors. Zusätzlich werden einige Sensitivitäten berechnet. Anschließend wird ein Programm zur optimalen Steuerung eines gekoppelten Spin-Systems vorgestellt. Zur numerischen Lösung des Spin-Modells hat sich die Interface-Anbindung des Innere-Punkte-Verfahrens IPOPT an das Software-Paket MATLAB als effiziente und vielseitige Möglichkeit zur numerischen Behandlung herausgestellt.

2. Grundlagen optimaler Steuerprozesse

In diesem Kapitel werden anhand eines einfachen optimalen Steuerprozesses ohne Beschränkungen die wichtigsten Bezeichnungen und Begriffe für die Theorie optimaler Steuerprozesse eingeführt. Zunächst werden die Bausteine eines allgemeinen Steuerprozesses erläutert, um diesen anschließend in kompakter Weise formulieren zu können. Eines der zentralen Resultate auf dem Gebiet der Optimalsteuerung ist das Minimumprinzip von Pontryagin et al. [PONTRYAGIN 1967], welches notwendige Optimalitätsbedingungen einer Lösung beschreibt. Dieses wird in Abschnitt 2.2 präsentiert. Anschließend wird gezeigt, dass unter gewissen Konvexitätsannahmen sogar hinreichende Optimailtät durch das Minimumprinzip gewährleistet ist. Zuletzt wird auf die Unterschiede bei der Behandlung optimaler Steuerprozesse in Abhängigkeit vom linearen bzw. nichtlinearen Auftreten der Steuerung eingegangen.

2.1. Formulierung des Standardproblems

Man betrachtet ein zeitabhängiges dynamisches System, dessen Zustand x zum Zeitpunkt t durch einen *Zustandsvektor* $x(t) = (x_1(t), x_2(t), ..., x_n(t))^T \in \mathbb{R}^n$ beschrieben wird. Hierbei variiert die Zeitvariable t in einem Intervall $[t_0, T]$, wobei im Folgenden ohne Einschränkung die Anfangszeit $t_0 = 0$ gewählt wird. Die Endzeit T ist entweder fest vorgegeben oder frei. Mittels der Steuerung $u(t)$, welche wieder als vektorwertig angesehen wird, d.h. $u(t) = (u_1(t), u_2(t), ..., u_m(t))^T \in \mathbb{R}^m$, lässt sich der Ablauf des Prozesses beeinflussen. Die Veränderung des Zustands $x(t)$ durch die Steuerung $u(t)$ erfolgt gemäß eines Differentialgleichungssystems erster Ordnung, der sogenannten *Dynamik*.

Definition 2.1 (Dynamik des Systems)**.**
Die *Dynamik* eines optimalen Steuerprozesses beschreibt die Wirkung der Steuerung

$u(t)$ auf die zeitliche Änderung des Zustands $x(t)$ und ist gegeben durch ein System von n gewöhnlichen Differentialgleichungen (DGL) erster Ordnung

$$\dot{x}(t) = \frac{d}{dt}x(t) = f(t, x(t), u(t)), \quad t \in [0, T]. \tag{2.1}$$

Hierbei sei $f : [0,T] \times \mathbb{R}^n \times \mathbb{R}^m \to \mathbb{R}^n$ hinreichend oft differenzierbar bzgl. aller Argumente.

An dieser Stelle sei bereits angemerkt, dass der Einfachheit halber die explizite Angabe der Zeitvariablen t als Funktionsargument des Zustands $x(t)$ oder der Steuerung $u(t)$ oft entfällt, wenn dies aus dem Zusammenhang offensichtlich ist; somit schreibt man (2.1) meist kurz als $\dot{x} = f(t, x, u)$.

Definition 2.2 (Lösung der DGL). Man nennt ein Funktionenpaar

$$(x, u) \in \mathbb{W}^{1,\infty}([0,T], \mathbb{R}^n) \times L^\infty([0,T], \mathbb{R}^m)$$

Lösung der Differentialgleichung (2.1), wenn für fast alle $t \in [0, T]$ von u gilt

$$\dot{x}(t) = \frac{d}{dt}x(t) = f(t, x(t), u(t)).$$

Mit $L^\infty([0,T], \mathbb{R}^m)$ bezeichnet man den Banachraum der messbaren und wesentlich beschränkten Funktionen. $\mathbb{W}^{1,\infty}([0,T], \mathbb{R}^n)$ ist der Sobolew–Raum der messbaren und wesentlich beschränkten Funktionen, die eine schwache Ableitung im Raum $L^\infty([0,T], \mathbb{R}^n)$ besitzen, vergleiche [EVANS 1998]. Die zugehörigen Normen sind die Supremumsnorm $||u||_\infty := \mathrm{ess\,sup}\,\{|u(t)|, 0 \leq t \leq T\}$ bzw. die Sobolew–Norm $||x||_{1,\infty} := |x(0)| + ||\dot{x}||_\infty$, wobei $|\cdot|$ eine beliebige Norm im $\mathbb{R}^n$ bezeichnet und mit $\dot{x}$ die Ableitung von x im schwachen Sinne gemeint ist. Eine messbare Funktion $u : [0,T] \to \mathbb{R}^m$ heißt wesentlich beschränkt und gehört somit zum Raum $L^\infty([0,T], \mathbb{R}^m)$, falls $||u||_\infty < \infty$ gilt.

Ist $(x, u) \in \mathbb{W}^{1,\infty}([0,T], \mathbb{R}^n) \times L^\infty([0,T], \mathbb{R}^m)$ eine Lösung von (2.1), so nennt man die Kurve $\gamma(t) = (t, x(t)) \in [0, T] \times \mathbb{R}^n$ auch *Zustandstrajektorie*.
Aus der mathematischen Modellierung des zu behandelnden Problems ergibt sich in der Regel, dass der Zustand $x(t)$ zu bestimmten Zeitpunkten t_i, $i = 0, ..., N$ mit $0 \leq t_0 < t_1 < ... < t_N \leq T$ gewissen Beschränkungen unterliegt, die sich formulieren lassen als $\varphi_i(x(t_i)) = 0$, $i = 0, ..., N$, oder allgemeiner durch eine Gleichung

$$\varphi(x(t_0), x(t_1), ..., x(t_N)) = 0. \tag{2.2}$$

Im Folgenden sei zunächst $N = 1$. Steuerprozesse mit den allgemeineren Zustandsrestriktionen ($N > 1$) lassen sich durch Bildung eines erweiterten "Super"–Zustandsvektors auf Prozesse mit einfachen Randbedingungen ($N = 1$) zurückführen. Diesbezüglich sei auf das Kapitel 4 über Multiprozesse verwiesen.

2.1: Formulierung des Standardproblems

Definition 2.3 (Randbedingung für den Zustand). Sei $\varphi : \mathbb{R}^n \times \mathbb{R}^n \to \mathbb{R}^s$ stetig differenzierbar mit $0 \leq s \leq 2n$. Dann ist eine allgemeine Randbedingung für den Zustand x gegeben durch die Gleichung

$$\varphi(x(0), x(T)) = 0. \tag{2.3}$$

Meist unterliegt nicht nur der Zustand, sondern auch die Steuerung gewissen Beschränkungen, die oft durch Angabe eines zulässigen Wertebereichs $U \subset \mathbb{R}^m$, des sogenannten Steuerbereichs, beschrieben werden.

Definition 2.4 (Steuerbereich). Die nichtleere, konvexe und abgeschlossene Menge $U \subseteq \mathbb{R}^m$ wird als *Steuerbereich* bezeichnet und beschreibt die zulässige Wertemenge für den Steuervektor $u(t)$:

$$u(t) \in U \quad \text{für alle} \quad t \in [0, T]. \tag{2.4}$$

Im Weiteren sei vorausgesetzt, dass das topologische Innere $\text{int}(U)$ des Steuerbereichs U nichtleer sei. Man nennt ein Funktionenpaar $(x, u) \in \mathbb{W}^{1,\infty}([0, T], \mathbb{R}^n) \times L^{\infty}([0, T], \mathbb{R}^m)$ *zulässig* zur Endzeit $T > 0$, wenn die Bedingungen (2.1), (2.3) und (2.4) erfüllt sind. Um unter einer Vielzahl von zulässigen Lösungen eine „möglichst gute" Lösung finden zu können, bedarf es einer Beschreibung der Zielsetzung dieses Steuerprozesses. Hierzu dient das Ziel- oder Kostenfunktional, welches es zu minimieren gilt.

Definition 2.5 (Zielfunktional). Seien $g : \mathbb{R}^n \times \mathbb{R}^n \to \mathbb{R}$ stetig differenzierbar und $f_0 : [0, T] \times \mathbb{R}^n \times \mathbb{R}^m \to \mathbb{R}$ stetig und stetig partiell differenzierbar bezüglich x und u. Das Funktional

$$F(x, u) := g(x(0), x(T)) + \int_0^T f_0(t, x(t), u(t)) dt \tag{2.5}$$

heißt *Ziel-* oder *Kostenfunktional*.

Das Zielfunktional besteht also in dieser allgemeinen *Bolza–Form* aus zwei Komponenten: einer Funktion g, die den Anfangszustand $x(0)$ und den Endzustand $x(T)$ bewertet, und einem Integral, durch welches eine Wertung entlang der gesamten Trajektorie (x, u) vorgenommen wird.

Nun liegen alle Bausteine eines optimalen Steuerprozesses vor, der in kompakter Schreibweise folgendermaßen formuliert werden kann.

Definition 2.6 (Optimaler Steuerprozess). Ein Optimierungsproblem der Form

(P)
$$\begin{aligned}
\text{Minimiere} \quad & F(x,u) = g(x(0), x(T)) + \int_0^T f_0(t, x, u) dt \\
\text{unter} \quad & \dot{x} = f(t, x, u), \quad 0 \leq t \leq T, \\
& \varphi(x(0), x(T)) = 0, \\
& u(t) \in U, \quad 0 \leq t \leq T.
\end{aligned}$$

nennt man einen *optimalen Steuerprozess*.

Die Aufgabenstellung besteht nun darin, eine Steuerung $u \in L^\infty([0,T], \mathbb{R}^m)$ zu bestimmen, die der Dynamik (2.1), den Randbedingungen (2.3) und der Steuerbeschränkung (2.4) genügt und das Zielfunktional minimiert.

Bemerkung 2.7 (Zeittransformation). *Es kann ohne Einschränkung angenommen werden, dass das Problem (P) die feste Endzeit $T = 1$ besitzt. Ein Problem mit freier Endzeit kann auf ein äquivalentes Problem mit fester Endzeit transformiert werden. Diese Transformation basiert auf der Hinzunahme einer künstlichen Zustandsvariablen, welche die freie Endzeit repräsentiert. Dazu führt man zunächst eine Zeittransformation durch gemäß $t = s \cdot T$, $0 \leq s \leq 1$, und betrachtet $s \in [0, 1]$ als neue Zeitvariable. Zustand und Steuerung operieren dann auf dem Einheitsintervall entsprechend der Vereinbarung*

$$\tilde{x}(s) := x(sT) = x(t), \quad \tilde{u}(s) := u(sT) = u(t).$$

Differenziert man $\tilde{x}$ nach s, erhält man als neue Dynamik

$$\frac{d\tilde{x}}{ds} = \dot{\tilde{x}} = \frac{d\tilde{x}}{dt} \cdot \frac{dt}{ds} = f(sT, \tilde{x}(s), \tilde{u}(s)) \cdot T.$$

Entsprechend überträgt sich das Zielfunktional bzgl. $s \in [0, 1]$ gemäß

$$g(x(T)) + \int_0^T f_0(t, x(t), u(t)) dt = g(\tilde{x}(1)) + \int_0^1 T \cdot f_0(sT, x(s), u(s)) ds.$$

Die freie Endzeit T interpretiert man nun als neue Zustandsvariable $x_{n+1}(s) := T$, wobei formal der Anfangs- und Endzustand von x_{n+1} frei sind. Dies führt zu einem erweiterten Zustandsvektor

$$\bar{x}(s) = \begin{pmatrix} \tilde{x}(s) \\ x_{n+1}(s) \end{pmatrix} \in \mathbb{R}^{n+1}.$$

Mit den Bezeichnungen

$$\bar{u}(s) = \tilde{u}(s), \quad \bar{g}(\bar{x}(1)) = g(\tilde{x}(1)), \quad \bar{\varphi}(\bar{x}(0), \bar{x}(1)) = \varphi(\tilde{x}(0), \tilde{x}(1)),$$

2.1: Formulierung des Standardproblems

$$\bar{f}_0(s, \bar{x}, \bar{u}) = x_{n+1} \cdot f_0(s \cdot x_{n+1}, \tilde{x}, \tilde{u}),$$

$$\bar{f}(s, \bar{x}, \bar{u}) = \begin{pmatrix} x_{n+1} \cdot f(s \cdot x_{n+1}, \tilde{x}, \tilde{u}) \\ 0 \end{pmatrix},$$

formuliert man das zu (P) äquivalente Steuerproblem mit fester Endzeit $\tilde{T} = 1$:

$$\begin{aligned}
\text{Minimiere} \quad & \bar{F}(\bar{x}, \bar{u}) := \bar{g}(\bar{x}(1)) + \int_0^1 \bar{f}_0(s, \bar{x}(s), \bar{u}(s))ds \\
\text{unter} \quad & \dot{\bar{x}}(s) = \bar{f}(s, \bar{x}(s), \bar{u}(s)), \\
& \bar{\varphi}(\bar{x}(0), \bar{x}(1)) = 0, \\
& \bar{u}(s) \in U.
\end{aligned} \qquad (2.6)$$

Man nennt einen Steuerprozess *autonom*, wenn die Zeitvariable t weder in dem Integranden der Zielfunktion f_0 noch in der Dynamik f explizit als Argument auftritt. Man kann einen nicht–autonomen Steuerprozess durch Aufstockung der Dynamik und Hinzunahme einer zusätzlichen Differentialgleichung in einen äquivalenten autonomen Steuerprozess transformieren. Dazu sind ähnliche Techniken wie in Bemerkung 2.7 notwendig. Man kann ferner einen Prozess mit Bolza–Funktional (2.5) zu einem Prozess mit Mayer–Funktional der Gestalt $F(x, u) = g(x(0), x(T))$ vereinfachen. Auf diesem Vorgehen basieren die meisten Implementationen zur numerischen Lösung der in Kapitel 6 behandelten Anwendungsfälle.

Voraussetzung 2.8. *Für diese Arbeit wird vereinbart, dass der Steuerprozess in autonomer Form vorliege und die Endzeit T fest sei.*

Der Begriff der *Optimalität* einer Steuerung u wird schließlich wie folgt präzisiert.

Definition 2.9 (Optimale Steuerung). Sei $u^* \in L^\infty([0, T], \mathbb{R}^m)$ eine zulässige Steuerung mit korrespondierender Zustandstrajektorie $x^* \in \mathbb{W}^{1,\infty}([0, T], \mathbb{R}^n)$ zum Steuerprozess (P) mit fester Endzeit T. Man nennt die Steuerung u^*

(a) *global optimal*, wenn für alle zulässigen Steuerungen u mit Zustandstrajektorien x gilt

$$F(x^*, u^*) \leq F(x, u). \qquad (2.7)$$

(b) *lokal optimal* im Sinne der L^1–Norm, wenn es ein $\varepsilon > 0$ gibt, so dass für alle zulässigen Steuerungen u mit $\|u - u^*\|_1 + |x(0) - x^*(0)| \leq \varepsilon$ gilt

$$F(x^*, u^*) \leq F(x, u). \qquad (2.8)$$

Im Folgenden ist mit einer optimalen Lösung immer eine *lokal* optimale Lösung gemeint, falls nicht explizit auf die Globalität hingewiesen wird.

2.2. Notwendige Optimalitätsbedingungen für den unbeschränkten Steuerprozess: Das Minimumprinzip von Pontryagin

Die Theorie der optimalen Steuerprozesse hat ihren Ursprung in der Variationsrechnung, vergleiche [GELFAND 1963]. Sie hat sich in den 1950er Jahren als eigenständige mathematische Disziplin entwickelt. Notwendige Optimalitätsbedingungen erster Ordnung für (P) wurden u.a. von der russischen Schule um Pontryagin, Boltjanskij, Gamkrelidze und Miscenko entwickelt. Eines der bedeutendsten Resultate in der Theorie optimaler Steuerprozesse ist das sogenannte Minimumprinzip von Pontryagin, [PONTRYAGIN 1962]. Unter zusätzlichen Voraussetzungen (Konvexitätsannahmen) erhält man sogar hinreichende Optimalitätsbedingungen. Das Minimumprinzip spielt nicht nur in der Theorie eine zentrale Rolle, sondern bildet auch das Fundament für diverse numerische Lösungsalgorithmen. So lässt in vielen Anwendungsfällen ein Problem (P) mit Hilfe des Minimumprinzips auf ein Randwertproblem zurückführen, für welches es effiziente numerische Lösungsmethoden gibt wie beispielsweise das einfache Schießverfahren oder dessen Weiterentwicklung durch die Mehrzielmethode, siehe [BULIRSCH 1971], [BOCK 1984] und [OBERLE 1989]. Zur Formulierung des Minimumprinzips wird die sogenannte *Hamilton–Funktion* benötigt.

Definition 2.10 (Hamilton–Funktion). Gegeben sei ein optimaler Steuerprozess (P). Die diesem Prozess zugeordnete Funktion

$$H(x, \lambda, u) = \lambda_0 f_0(x, u) + \lambda f(x, u) = \sum_{i=0}^{n} \lambda_i f_i(x, u), \qquad (2.9)$$

$$\lambda_0 \in \mathbb{R}, \ \lambda \in \mathbb{R}^n \text{ Zeilenvektor},$$

heißt *Hamilton–Funktion*. Die Komponenten λ_i, $i = 1, ..., n$, des Vektors $\lambda \in \mathbb{R}^n$ heißen *adjungierte Variablen*.

Vereinbarung 2.11. Zwecks übersichtlicher Notation wird für diese Arbeit festgelegt, dass sämtliche Vektoren, die mit einem Buchstaben des griechischen Alphabets bezeichnet werden, als *Zeilenvektoren* aufzufassen sind.

Die Argumente x, λ, u der Hamilton–Funktion sind als formale Variablen aufzufassen. Die Notation lässt bereits darauf schließen, dass man in die Hamilton–Funktion stets die zueinandergehörenden Werte $(x(t), \lambda(t), u(t))$ einsetzen wird, wobei das Paar (x, u) eine Lösung von (P) mit adjungierter Funktion λ ist. Die Variable λ_0

2.2: Das Minimumprinzip von Pontryagin

wird nicht als Argument der Hamilton–Funktion aufgenommen, da sie üblicherweise nur die Werte „0" oder „1" annimmt. Im „normalen" Fall gilt $\lambda_0 = 1$.

Satz 2.12 (Das Minimumprinzip von Pontryagin et al., [PONTRYAGIN 1962]).
Sei $(x^*, u^*) \in \mathbb{W}^{1,\infty}([0,T], \mathbb{R}^n) \times L^\infty([0,T], \mathbb{R}^m)$ *eine optimale Lösung von (P). Dann gibt es eine reelle Zahl* $\lambda_0 \geq 0$, *eine stetige und stückweise stetig differenzierbare adjungierte Funktion* $\lambda : [0,T] \to \mathbb{R}^n$ *und einen Mutiplikator* $\rho \in \mathbb{R}^r$, *so dass folgenden Aussagen gelten:*

(i) Nichttrivialität:
$$(\lambda_0, \lambda(t), \rho) \neq 0 \quad \text{für} \quad t \in [0,T]. \tag{2.10}$$

(ii) Minimumbedingung:
$$H(x^*(t), \lambda(t), u^*(t)) = \min_{u \in U} H(x^*(t), \lambda(t), u) \tag{2.11}$$

für fast alle $t \in [0,T]$

(iii) Adjungierte Differentialgleichung:
$$\dot{\lambda}(t) = -H_x(x^*(t), \lambda(t), u^*(t)), \tag{2.12}$$

für fast alle $t \in [0,T]$.

(iv) Transversalitätsbedingungen:
$$\lambda(0) = -\frac{\partial}{\partial x_\mathrm{a}}(\lambda_0 g + \rho \varphi)(x^*(0), x^*(T)), \tag{2.13}$$
$$\lambda(T) = \frac{\partial}{\partial x_\mathrm{e}}(\lambda_0 g + \rho \varphi)(x^*(0), x^*(T)), \tag{2.14}$$

wobei $g : \mathbb{R}^n \times \mathbb{R}^n \to \mathbb{R}$ *und* $\varphi : \mathbb{R}^n \times \mathbb{R}^n \to \mathbb{R}^r$ *als Funktionen mit dem Argument* $(x_\mathrm{a}, x_\mathrm{e}) \in \mathbb{R}^n \times \mathbb{R}^n$ *aufzufassen sind.*

(v) *Für autonome Probleme mit* $\frac{\partial H}{\partial t} = 0$ *gilt*
$$H(x^*(t), \lambda(t), u^*(t)) = \text{const.}, \quad t \in [0,T]. \tag{2.15}$$

(vi) *Für Probleme mit freier Endzeit gilt für die optimale Endzeit* T^*
$$H(x^*(T^*), \lambda(T^*), u^*(T^*)) = 0. \tag{2.16}$$

Bemerkung 2.13. *Die Bedingungen (2.11) und (2.12) gelten lediglich für fast alle* $t \in [0,T]$, *weil die optimale Steuerung* u^* *in einigen Punkten unstetig sein kann. In solchen Punkten sind diese Bedingungen links- bzw. rechtsseitig zu verstehen.*

Definition 2.14. Eine Lösung $(x^*, u^*) \in \mathbb{W}^{1,\infty}([0,T],\mathbb{R}^n) \times L^{\infty}([0,T],\mathbb{R}^m)$, die mit geeigneten Lagrange–Multiplikatoren den Bedingungen (2.10) – (2.16) genügt, heißt *Extremale*.

Die Originalarbeit [PONTRYAGIN 1962] liegt auch in einer deutschen Übersetzung vor, siehe [PONTRYAGIN 1967]. Ein Minimumprinzip in ähnlicher Form wurde unabhängig zu dieser Arbeit in [HESTENES 1966] hergeleitet. Man kann optimale Steuerprozesse als verallgemeinerte Variationsprobleme auffassen. Ein wichtiges Hilfsmittel bei der Beweisführung ist die Einführung einer „needle Variation" der Steuerung.

Um nicht bei jedem Auftreten der Hamilton–Funktion H die etwas aufwändige Schreibweise aus dem Minimumprinzip 2.12 mitsamt aller Argumente benutzen zu müssen, vereinbart man meist folgende abkürzende Notation:

$$H[t] := H(x^*(t), \lambda(t), u^*(t)). \qquad (2.17)$$

Damit schreibt sich die adjungierte Differentialgleichung in Kurzform als $\dot{\lambda}(t) = -H_x[t]$. Ähnliche Notationen werden benutzt für $f_0[t]$, $f[t]$, und für partielle Ableitungen $f_x[t]$, $f_u[t]$, etc.

2.3. Hinreichende Optimalitätsbedingungen für den unbeschränkten Steuerprozess

Im vorigen Abschnitt wurden Kriterien vorgestellt, denen eine optimale Lösung des Problems (P) genügen muss. Allerdings kann man durch Überprüfung dieser Bedingungen nicht ohne Weiteres auf die Optimalität der berechneten Lösung schließen, sondern hat lediglich einen potentiellen Kandidaten für die optimale Lösung gefunden. Um sicherzustellen, dass ein solcher Kandidat auch wirklich optimal ist, könnte man theoretisch die Existenz einer optimalen Lösung durch Verifizierung geeigneter Existenzresultate zeigen und dann beweisen, dass nur die eine gefundene Lösung den notwendigen Optimalitätsbedingungen aus Abschnitt 2.2 genügt, vergleiche [CESARI 1983].

Im Folgenden wird gezeigt, dass das Pontryaginsche Minimumprinzip unter gewissen Konvexitätsannahmen nicht nur ein notwendiges sondern sogar ein hinreichendes Optimalitätskriterium darstellt. Somit sind lediglich die zusätzlichen Konvexitätsbedingungen zu prüfen, um sich von der Optimalität eines auf Basis des Pontryaginschen Minimumprinzips berechneten Kandidaten zu überzeugen.

In diesem Zusammenhang spielt der Begriff der *Konvexität* einer Funktion eine zentrale Rolle.

2.3: Hinreichende Optimalitätsbedingungen

Definition 2.15 (Konvexe Funktion). Eine Funktion $f : D \to \mathbb{R}$ mit konvexem Definitionsbereich $D \subset \mathbb{R}^n$ heißt *konvex*, wenn für alle $x, y \in D$ und $\alpha \in [0, 1]$ gilt

$$f(\alpha\, x + (1 - \alpha)\, y) \leq \alpha\, f(x) + (1 - \alpha)\, f(y). \tag{2.18}$$

Ähnlich wie in der endlichdimenionalen Optimierung lassen sich notwendige Optimalitätsbedingungen durch Konvexitätsforderungen zu hinreichenden Kriterien verstärken. Im Umfeld der Optimalsteuerung benötigt man an dieser Stelle den Begriff der *minimierten Hamilton–Funktion*.

Definition 2.16 (Minimierte Hamilton–Funktion). Die Funktion

$$H^0(x, \lambda) := \min_{u \in U} H(x, \lambda, u) \tag{2.19}$$

nennt man die *minimierte Hamilton–Funktion*.

Mit Hilfe dieser Funktion lassen sich hinreichende Optimalitätsbedingungen für (P) formulieren. Bei der Energie–minimierenden Steuerung des Anwendungsmodells aus Kapitel 6.2 lässt sich durch folgendes Resultat die Optimalität einer Extremalen verifizieren.

Satz 2.17 (Hinreichende Optimalitätsbedingungen für (P)).
Sei $(x^*, u^*) \in \mathbb{W}^{1,\infty}([0,T], \mathbb{R}^n) \times L^\infty([0,T], \mathbb{R}^m)$ ein zulässiges Funktionenpaar für den Steuerprozess (P). Es liege der normale Fall mit $\lambda_0 = 1$ vor und es existiere eine adjungierte Funktion $\lambda : [0, T] \to \mathbb{R}^n$ sowie ein Multiplikator $\rho \in \mathbb{R}^r$, so dass die Bedingungen des Minimumprinzips 2.12 erfüllt sind. Zusätzlich seien

(i) $\varphi(x)$ affin–linear,

(ii) g konvex,

(iii) $H^0(x, \lambda(t))$ konvex in $x \in \mathbb{R}^n$ für alle $t \in [0, T]$.

Dann ist (x^*, u^*) eine optimale Lösung von (P).

Einen Beweis dieses Resultats findet man in [FEICHTINGER 1986], Kapitel 2.5, Satz 2.2. Hinreichend für die Konvexität der minimierten Hamilton–Funktion H^0 ist die positive Semidefinitheit der Hesse–Matrix von H,

$$\operatorname{Hess} H(x, u) = \begin{pmatrix} H_{xx} & H_{xu} \\ H_{ux} & H_{uu} \end{pmatrix}.$$

Hinreichende Optimalitätskriterien zweiter Ordnung, welche auf der positiven Definitheit einer zugeordneten quadratischen Form beruhen, werden bewiesen in [MAURER 1981, 1995], siehe auch [ZEIDAN 1994] und [MILYUTIN 1998]. Die positive Definitheit der entsprechenden Matrix ist jedoch numerisch nur schwer nachzuprüfen. Man kann allerdings durch die Existenz von einer beschränkten Lösung eines bestimmten Randwertproblems (RWP) mit einer Riccati–Differentialgleichung auf die positive Definitheit schließen. Dieses Vorgehen wird ebenfalls in [MAURER 1995] dargestellt.

2.4. Steuerprozesse mit linear auftretender Steuerung: bang–bang und singuläre Steuerungen

Je nachdem, wie die Steuervariable u in (P) auftritt, unterscheidet man zwischen optimalen Steuerprozessen mit *linear* eingehender und solchen mit *nichtlinear* eingehender Steuerung. Die Steuerung tritt linear in (P) auf, wenn der Integrand des Zielfunktionals und die Differentialgleichung der Dynamik affin–lineare Funktionen der Variablen u sind, d.h.

$$\begin{aligned} f_0(x,u) &= a_0(x) + b_0(x)u, \\ f(x,u) &= a(x) + b(x)u, \end{aligned} \qquad (2.20)$$

wobei $a_0 : \mathbb{R}^n \to \mathbb{R}$, $b_0 : \mathbb{R}^n \to \mathbb{R}^m$ (Zeilenvektor), $a : \mathbb{R}^n \to \mathbb{R}^n$, $b : \mathbb{R}^n \to \mathbb{R}^{n \times m}$ stetig differenzierbare Funktionen seien.

Eine solche Unterscheidung ist sinnvoll hinsichtlich der verschiedenen Ansätze, mit welchen man ein vorliegendes Steuerungsproblem bearbeitet. Tritt die Steuerung linear auf, so besitzt die optimale Steuerung typischerweise Unstetigkeitsstellen und nimmt meist Werte vom Rand des konvexen und abgeschlossenen Steuerbereichs U an. Dem stehen Steuerprozesse mit nichtlinear eingehender Steuerung gegenüber, die im nächsten Abschnitt 2.5 behandelt werden. Bei solchen Problemen ist die optimale Steuerung in der Regel stetig.

Eine zentrale Rolle bei der Untersuchung von Steuerprozessen mit linear eingehender Steuerung nimmt die *Schaltfunktion* σ ein.

Definition 2.18 (Schaltfunktion). Einem Steuerprozess (P) mit linear eingehender Steuerung $u(t) \in \mathbb{R}^m$ ordnet man die $\mathbb{R}^m$–wertige Funktion

$$\sigma(x,\lambda) := b_0(x) + \lambda b(x), \quad \lambda \in \mathbb{R}^{n*} \qquad (2.21)$$

2.4: Steuerprozesse mit linear auftretender Steuerung

zu. Diese wird als *Schaltfunktion* bezeichnet. Entlang einer Lösung (x, λ) des Minimumprinzips definiert man zudem

$$\sigma(t) := \sigma(x(t), \lambda(t)). \qquad (2.22)$$

Durch die Auswertung der Minimumbedingung (2.11) folgt man für die Schaltfunktion die Beziehung

$$\sigma(t)u^*(t) = \min_{u \in U} \sigma(t)u. \qquad (2.23)$$

An dieser Stelle sei aus Gründen der Vereinfachung $m = 1$ und der konvexe Steuerbereich U somit ein abgeschlossenes Intervall, d.h. $U = [u_{\min}, u_{\max}]$. Dann liefert die Minimumbedingung (2.23) die Vorschrift

$$u^*(t) = \begin{cases} u_{\min}, & \text{falls } \sigma(t) > 0, \\ u_{\max}, & \text{falls } \sigma(t) < 0, \\ \text{unbestimmt}, & \text{falls } \sigma(t) = 0. \end{cases} \qquad (2.24)$$

Definition 2.19 (bang–bang und singuläre Steuerungen). Gegeben sei ein Steuerprozess (P) mit linear eingehender Steuerung gemäß (2.20) sowie ein Intervall $[t_1, t_2] \subset [0, T]$ mit $t_1 < t_2$.

(i) Die Steuerung u heißt *bang–bang* im Intervall $[t_1, t_2]$, falls die Schaltfunktion σ nur isolierte Nullstellen in $[t_1, t_2]$ besitzt. Wegen (2.24) gilt dann $u(t) \in \{u_{\min}, u_{\max}\}$ für fast alle $t \in [t_1, t_2]$.

(ii) Die Steuerung u heißt *singulär* im Intervall $[t_1, t_2]$, falls $\sigma(t) = 0$ für alle $t \in [t_1, t_2]$ gilt. In diesem Fall heißen die Punkte t_1 und t_2 *Verbindungspunkte*, falls es ein $\varepsilon > 0$ gibt, so dass u bang–bang ist in den Intervallen $[t_1 - \varepsilon, t_1]$ und $[t_2, t_2 + \varepsilon]$.

Für allgemeines $m \in \mathbb{N}$ ergeben sich m Schaltfunktionen $\sigma_i(t)$, $i = 1, \ldots, m$, und Definition 2.19 ist komponentenweise zu verstehen.
Für die numerische Behandlung eines Steuerprozesses, dessen optimale Steuerung bang–bang Struktur mit endlich vielen Schaltpunkten $t_1, \ldots t_s$ und freier Endzeit $t_{s+1} = T$ hat, bietet es sich an, diese Kenntnis auszunutzen und den Steuerprozess auf ein äquivalentes endlich-dimensionales Optimierungsproblem in den Zeitpunkten $t_1, \ldots t_s, t_{s+1}$ zu übertragen. Bei der *arc parametrization*-Methode, vergleiche [KAYA 1996] und [MAURER 2005], optimiert man statt der Schaltpunkte die zugehörigen Intervalllängen $\xi_i = t_i - t_{i-1}$, $i = 1, \ldots s + 1$. Dieses Vorgehen wird in

Kapitel 5.2.3 erläutert.
Die Transformation auf ein finites Optimierungsproblem ermöglicht außerdem die Herleitung hinreichender Optimalitätsbedingungen 2. Ordnung (*SSC:* Second Order Sufficient Conditions), siehe [AGRACHEV 2002], [MAURER 2004], auf Basis der endlich–dimensionalen Optimierung, [FIACCO 1976]. Dazu benötigt man den Begriff der Lagrange–Funktion für das transformierte finite Optimierungsproblem

$$\text{Minimiere } G(z) \text{ unter } \Psi(z) = 0 \qquad (2.25)$$

mit $G : \mathbb{R}^{s+1} \to \mathbb{R}$, $\Psi : \mathbb{R}^{s+1} \to \mathbb{R}^r$, welches in Abschnitt 5.2.3 hergeleitet wird. Der Vektor $z \in \mathbb{R}^{s+1}$ umfasst dabei die Optimierungsvariablen $t_1, \ldots, t_s, t_{s+1}$ und die optimale Steuerung sei gegeben durch $u(t) := u_k$, $u_k \in \{u_{\min}, u_{\max}\}$, $t_{k-1} \leq t \leq t_k$.

Definition 2.20 (Lagrange–Funktion). Man ordnet dem Optimierungsproblem (2.25) die *Lagrange–Funktion*

$$L(z, \rho) := G(z) + \rho \, \Psi(z) = G(z) + \sum_{i=1}^{r} \rho_i \, \Psi_i(z) \qquad (2.26)$$

zu. Die Komponenten ρ_i, $i = 1, \ldots, r$, des Zeilenvektors $\rho \in \mathbb{R}^r$ heißen *Lagrange–Multiplikatoren*.

Die folgenden hinreichenden Optimalitätsbedingungen werden in den Arbeiten von [AGRACHEV 2002] und [OSMOLOVSKII 2005, 2007] bewiesen.

Satz 2.21 (Hinreichende Bedingungen für bang–bang Steuerungen).
Für das transformierte finite Optimierungsproblem (2.25) bezüglich der Variable $z = (t_1, \ldots, t_s, t_{s+1})^T$ seien für einen Punkt z die hinreichenden Bedingungen zweiter Ordnung erfüllt, d.h. es gebe Lagrange–Multiplikatoren $\rho_1, \ldots, \rho_r$, so dass mit der Lagrange–Funktion L gilt

1. $L_z(z, \rho) = 0$,

2. $\text{rang}\,(\Psi_z(z)) = r$,

3. $v^T L_{zz}(z, \rho)\, v > 0 \quad \forall\, v \in \mathbb{R}^{s+1} \setminus \{0\}\,,\; \Psi_z(z)\, v = 0.$

Wenn zusätzlich die Bedingungen

(a) $-\dot{\sigma}(t_k)(u(t_k^+) - u(t_k^-)) > 0$ für $k = 1, \ldots, s$,

(b) $\sigma(t) \neq 0$ für $t \notin \{t_1, \ldots, t_s\}$

erfüllt sind, dann ist die bang–bang Steuerung $u(t)$ mit $u(t) = u_k$ für $t_{k-1} \leq t \leq t_k$ ein striktes lokales Minimum bzgl. der L^1–Norm.

2.4: Steuerprozesse mit linear auftretender Steuerung

Bei einer der in Kapitel 6.2 diskutierten Varianten des Servomotors handelt es sich um einen Steuerprozess mit linear eingehender Steuerung und sogenannten *reinen Zustandsbeschränkungen*, welche in Abschnitt 3.1 eingeführt werden. In diesem Zusammenhang trifft man auf eine formale Parallele zwischen singulären Steuerungen und Randsteuerungen bzgl. der Zustandsbeschränkung. Daher sollen in diesem Abschnitt einige Eigenschaften von singulären Steuerungen vorgestellt werden.
Das Steuergesetz (2.24) liefert für ein mögliches singuläres Teilstück $[t_1, t_2]$ lediglich die unbefriedigende Aussage „$u(t)$ = unbestimmt" für alle $t \in [t_1, t_2]$. Im Folgenden soll gezeigt werden, dass es oft möglich ist, die Steuerung auf einem singulären Teilstück durch einen von x und λ abhängigen Ausdruck $u_{\text{sing}}(x, \lambda)$ anzugeben. Die Idee bei dieser Berechnung ist die mehrfache Differentiation der Schaltfunktion σ nach der Zeit t, bis erstmals die Steuervariable u explizit auftritt. Hierzu definiere man Funktionen $\sigma^{(k)}$, $0 \leq k \leq \bar{k} \leq \infty$, ausgehend von $\sigma^{(0)}(x, \lambda) := \sigma(x, \lambda)$ durch

$$\begin{aligned}\sigma^{(k+1)} &= \frac{d\sigma^{(k)}}{dt} = \frac{\partial \sigma^{(k)}}{\partial x} \dot{x} + \dot{\lambda} \frac{\partial \sigma^{(k)}}{\partial \lambda} \\ &= \frac{\partial \sigma^{(k)}}{\partial x} f(x, u) - H_x(x, \lambda, u) \frac{\partial \sigma^{(k)}}{\partial \lambda}.\end{aligned}$$

Falls $\frac{\partial}{\partial u} \sigma^{(k)} = 0$ für *alle* $k \geq 0$ gilt, lässt sich die singuläre Steuerung nicht näher bestimmen. Andernfalls gibt es ein $\bar{k} \in \mathbb{N}$, für welches gilt

$$\begin{aligned}\frac{\partial}{\partial u} \sigma^{(k)} &= 0 \text{ für } k = 0, \ldots, \bar{k} - 1, \\ \frac{\partial}{\partial u} \sigma^{(\bar{k})} &\not\equiv 0.\end{aligned}$$

Die folgende Eigenschaft wird in [KRENER 1977] bewiesen.

Satz 2.22 (Ordnung einer singulären Steuerung). *Falls gilt $\bar{k} < \infty$, so ist $\bar{k} = 2q$ eine gerade Zahl. Die Zahl $q \geq 1$ heißt die* Ordnung *der singulären Steuerung.*

Man kann zeigen, dass bei einer singulären Steuerung der Ordnung q die Funktion $\sigma^{(\bar{k})}$ (affin–)linear von u abhängt:

$$\sigma^{(\bar{k})} = A(x, \lambda) + B(x, \lambda)\, u. \tag{2.27}$$

Die Schaltfunktion verschwindet auf einem singulären Teilstück, d.h. die singuläre Steuerung ist charakterisiert durch

$$\begin{aligned}\sigma^{(k)}(x(t), \lambda(t)) &= 0, \quad t_1 \leq t \leq t_2, \quad k = 0, 1, \ldots, \bar{k} - 1, \\ \sigma^{(\bar{k})}(x(t), \lambda(t), u(t)) &= A(x(t), \lambda(t)) + B(x(t), \lambda(t))u(t) \\ &= 0, \text{ für } t_1 \leq t \leq t_2, \quad A, B \text{ geeignet}.\end{aligned} \tag{2.28}$$

Satz 2.23 (Verallgemeinerte Legendre–Clebsch–Bedingung).
Sei (x^*, λ, u^*) eine optimale Lösung eines Steuerprozesses mit linear eingehender Steuerung, und sei q die Ordnung einer (möglichen) singulären Steuerung.

(i) *Entlang der Lösung (x^*, λ, u^*) gilt die* verallgemeinerte Legendre–Clebsch–Bedingung

$$0 \leq (-1)^q B(x^*(t), \lambda(t)) = (-1)^q \frac{\partial}{\partial u} (\frac{d^{2q}}{dt^{2q}} \underbrace{H_u(x^*(t), \lambda(t), u^*(t))}_{=\sigma^{(\bar{k})}}).$$

(ii) *Gilt in (i) sogar die strenge Ungleichung, so spricht man von der* strikten verallgemeinerten Legendre–Clebsch–Bedingung.

Ist die strikte Legendre–Clebsch–Bedingung erfüllt, so gilt $B(x(t), \lambda(t)) \neq 0$, $t_1 \leq t \leq t_2$ und man erhält mithilfe von (2.27) und (2.28):

$$u_{\text{sing}}(x, \lambda) = -\frac{A(x, \lambda)}{B(x, \lambda)} \quad \text{bzw.} \quad u_{\text{sing}}(t) = -\frac{A(x(t), \lambda(t))}{B(x(t), \lambda(t))}. \tag{2.29}$$

Einen Beweis dieser Aussage findet man in [KRENER 1977]. Untersuchungen von singulären Teilstücken wurden in [KELLEY 1967] durchgeführt.

2.5. Steuerprozesse mit regulärer Hamilton–Funktion

In diesem Abschnitt werden Steuerungsprobleme behandelt, deren Hamilton–Funktion H nichtlinear von der formalen Variablen u abhängt. Solche Probleme besitzen üblicherweise eine *reguläre Hamilton–Funktion*, siehe nachfolgende Definition 2.24. Wie sich zeigen wird, ist die optimale Steuerung eines regulären Hamiltonproblems eine stetige Funktion.

Definition 2.24 (Reguläre Hamilton–Funktion).

(a) Eine Hamilton–Funktion H heißt *regulär* bezüglich einer Trajektorie $(x, \lambda) : [0, T] \to \mathbb{R}^n \times \mathbb{R}^n$, wenn es ein $\varepsilon > 0$ gibt, so dass die Abbildung $u \mapsto H(x, \lambda, u)$ für jedes (x, λ) mit $||x-x(t)|| < \varepsilon$ und $||\lambda-\lambda(t)|| < \varepsilon$ ein eindeutiges Minimum $u^*(x, \lambda) := \arg\min_{u \in U} H(x, \lambda)$ besitzt.

(b) Eine Hamilton–Funktion H heißt $\mathcal{C}^k$-*regulär* ($k \geq 1$) bezüglich einer Trajektorie $(x, \lambda) : [0, T] \to \mathbb{R}^n \times \mathbb{R}^n$, wenn H regulär ist und die Funktion

$$u^* : (x, \lambda) \mapsto \arg\min_{u \in U} H(x, \lambda)$$

eine $\mathcal{C}^k$–Funktion ist.

2.5: Steuerprozesse mit regulärer Hamilton–Funktion

Ein Steuerungsproblem mit einer regulären Hamilton–Funktion ermöglicht es, die optimale Steuerung u^* als Funktion der optimalen Zustandstrajektorie x und der adjungierten Variablen λ zu berechnen. Gemäß der Minimumbedingung (2.11) aus dem Pontryaginschen Minimumprinzip gilt nämlich

$$u^*(t) = u^*(x(t), \lambda(t)) \quad \forall\, t \in [0, T]. \tag{2.30}$$

Entscheidenden Einfluss auf die Struktur und die Differenzierbarkeit der Steuerung u hat die Topologie des Steuerbereichs $U \subseteq \mathbb{R}^m$. Im Falle einer *offenen* Steuermenge U ist bei $\mathcal{C}^k$–regulärer Hamilton–Funktion die optimale Steuerung selbst eine $\mathcal{C}^k$–Funktion. Ein offener Steuerbereich liegt beispielsweise vor, wenn die Steuerung keinen direkten Restriktionen unterliegt, d.h. $U = \mathbb{R}^m$. Für solche Prozesse muss wegen der Minimumbedingung (2.11) gelten:

$$H_u(x(t), \lambda(t), u(t)) = 0, \quad H_{uu}(x(t), \lambda(t), u(t)) \geq 0. \tag{2.31}$$

Dabei bedeutet $H_{uu}[t] \geq 0$, dass die $m \times m$–Matrix $H_{uu}[t]$ positiv semidefinit ist. Dieses Kriterium nennt man *Legendre–Clebsch–Bedingung*. Es stellt für gegebenes $(x(t), \lambda(t))$ die üblichen notwendigen Bedingungen für ein Minimum der Funktion $u \mapsto H(x(t), \lambda(t), u)$ dar. Gilt sogar die Verschärfung $H_{uu}(x(t), \lambda(t), u^*(t)) > 0$ (pos. def.), so spricht man von der *strikten Legendre–Clebsch–Bedingung*, siehe Satz 2.23. Die Voraussetzungen vom Satz über implizite Funktionen sind dann erfüllt und dieser ermöglicht die lokale Auflösung der Gleichung $H_u(x, \lambda, u) = 0$ nach einer Funktion $u^*(x, \lambda)$.

Voraussetzung 2.25. *Im Folgenden wird stets angenommen, dass die strikte Legendre–Clebsch–Bedingung*

$$H_u(x(t), \lambda(t), u(t)) = 0, \quad H_{uu}(x(t), \lambda(t), u(t)) > 0. \tag{2.32}$$

erfüllt ist.

Bei einer $\mathcal{C}^k$–regulären Hamilton–Funktion kann man das Lösen des Steuerungsproblems auf das Lösen eines Randwertproblems zurückführen. Die Idee hierbei ist, die Variable u in der Differentialgleichung $\dot{x} = f(x, u)$ und der adjungierten Differentialgleichung $\dot{\lambda} = -H_x(x, \lambda, u)$ zu eliminieren, indem man sie durch die $\mathcal{C}^k$–Funktion $u^*(x, \lambda)$ ersetzt. Dies führt zu einem Differentialgleichungssystem mit den Variablen x und λ,

$$\begin{aligned}
\dot{x} &= f(x, u^*(x, \lambda)) =: h_1(x, \lambda), \\
\dot{\lambda} &= -H_x(x, \lambda, u^*(x, \lambda)) =: h_2(x, \lambda)^T,
\end{aligned}$$

oder in kompakter Schreibweise

$$\begin{pmatrix} x \\ \lambda^T \end{pmatrix}^{\bullet} = \begin{pmatrix} h_1(x,\lambda) \\ h_2(x,\lambda) \end{pmatrix} =: h(x,\lambda). \qquad (2.33)$$

Es handelt sich hierbei um ein Differentialgleichungssystem erster Ordnung mit insgesamt $2n$ Variablen $(x_1, \ldots, x_n, \lambda_1, \ldots, \lambda_n)$. Sind die Randbedingungen des Steuerungsproblems in der Form $x(0) = x_0$, $x_i(T) = c_i$, $i = 1, \ldots, r$ gegeben, so muss die Lösung (x, λ) von (2.33) den Randbedingungen

$$x(0) = x_0, \qquad x_i(T) = c_i,\ i = 1, \ldots, r,$$
$$\lambda_i(T) = \frac{\partial g}{\partial x_i}(x(T)),\ i = r+1, \ldots, n,$$

genügen. Die Bedingungen für $\lambda(T)$ ergeben sich durch Auswertung der Transversalitätsbedingung (2.13). Eines der Standardverfahren zur Lösung dieses Randwertproblems (RWP) ist das *Einfach–Schießverfahren*, vergleiche [BULIRSCH 1971] und [STOER 2005]. Dieses Verfahren wird in Kapitel 5.3.1 vorgestellt.
Bei einem kompakten Steuerbereich U ist die optimale Steuerung in der Regel zusammengesetzt aus *inneren Teilstücken* mit $u(t) \in \text{int}(U)$ und *Randstücken* mit $u(t) \in \partial U$. Auf einem Randstück $[t_1, t_2]$ kann man nicht erwarten, dass entlang der optimalen Lösung die Legendre–Clebsch–Bedingung $H_u[t] = 0$ erfüllt ist. Daher lässt sich die optimale Lösung u^* auch nicht auf dem kompletten Zeitintervall $[0, T]$ durch diese Bedingung bestimmen.
Für die weiteren Betrachtungen sei die Hamilton–Funktion $\mathcal{C}^k$–regulär auf einer hinreichend großen *offenen* Umgebung V des kompakten Steuerbereichs U. Auf inneren Teilstücken lässt sich die optimale Steuerung u^* wie zuvor erläutert bestimmen: man berechnet $u^*(x, \lambda)$ mithilfe der strikten Legendre–Clebsch–Bedingung $H_u(x, \lambda, u) = 0$, $H_{uu}(x, \lambda, u) > 0$ und erhält wegen der Minimumbedingung (2.11) die Beziehung $u^*(t) = u^*(x^*(t), \lambda(t))$. Auf Randstücken gilt allerdings nicht $H_u[t] = 0$. Handelt es sich um ein Randstück mit $u^*(t) = u_{\min}$, so folgt $H_u[t] \geq 0$. Entsprechend gilt für Randstücke mit $u^*(t) = u_{\max}$ die Bedingung $H_u[t] \leq 0$.

Satz 2.26. *Die Hamilton–Funktion H sei regulär. Dann ist die optimale Steuerung u^* stetig in jedem Eintritts- bzw. Austrittspunkt eines Randstücks.*

Auch bei kompaktem Steuerbereich U lässt sich das Lösen des Steuerungsproblems auf das Lösen eines Randwertproblems für x und λ zurückführen. Gemäß Lemma 2.26 handelt es sich nun allerdings um ein Mehrpunkt–Randwertproblem, bei welchem für jeden Eintritts- und Austrittspunkt $t_1 \in (0, T)$ die zusätzlichen „Innere–Punkt–Bedingungen" $u^*(x(t_1), \lambda(t_1)) = u_{\min}$ bzw. $u^*(x(t_1), \lambda(t_1)) = u_{\max}$ berücksichtigt werden müssen.

2.5: Steuerprozesse mit regulärer Hamilton–Funktion

Auf diesem Lösungsansatz basiert u.a. auch die FORTRAN–Routine BNDSCO, siehe [OBERLE 1989], in welcher die *Mehrzielmethode* zur Berechnung von Mehrpunkt-Randwertproblemen implementiert ist. Die Anwendung der Mehrzielmethode auf optimale Steuerprozesse wird in [BOCK 1984] behandelt. Die grundlegende Vorgehensweise dieser Methode wird in Kapitel 5.3.2 erläutert.

3. Theorie optimaler Steuerprozesse mit reinen Zustandsbeschränkungen

In Kapitel 2 wurden Steuerprobleme betrachtet, bei denen nur der Steuerbereich $U \subset \mathbb{R}^m$ beschränkt war, während die Komponenten der Zustandstrajektorie x keinen Beschränkungen unterlagen. In diesem Abschnitt geht es nun um Prozesse, deren Zustandstrajektorie entlang des zu betrachtenden Zeitintervalls $[0, T]$ einer Restriktion $S(x(t)) \leq 0$ mit einer gegebenen Funktion $S : \mathbb{R}^n \to \mathbb{R}^k$ unterliegt. Derartige Probleme treten häufig in mechanischen Prozessen auf, bei denen Zustandsgrößen wie beispielsweise Ort oder Geschwindigkeit einer Systemkomponente beschränkt werden sollen oder aufgrund des physikalischen Rahmens sogar beschränkt werden *müssen*. Weitere Anwendungen stellen Modelle aus den Wirtschaftswissenschaften und aus der Luft- und Raumfahrt dar.

Zunächst werden einige neue Bezeichnungsweisen eingeführt, welche im Zusammenhang mit reinen Zustandsbeschränkungen von Bedeutung sind. Aufbauend auf der Theorie des vorigen Kapitels werden anschließend notwendige Optimalitätsbedingungen in Gestalt eines Minimumprinzips vorgestellt. In der Fachliteratur existieren zahlreiche unterschiedliche Ansätze zur Formulierung und Herleitung eines Minimumprinzips, siehe beispielsweise [JACOBSON 1971], [KNOBLOCH 1975], [MAURER 1979b], [HARTL 1995] oder [VINTER 2000]. Einen neueren Beweis des erweiterten Minimumprinzips mit Hilfe des Ekeland–Prinzips, [EKELAND 1979], findet man in [BONNANS 2010]. Üblicherweise wird die Zustandsbeschränkung über einen Multiplikator an die Hamilton–Funktion angekoppelt, siehe Definition 3.35. Dieser Multiplikator ist gegeben durch ein Maß, welches man durch eine Funktion von beschränkter Variation repräsentieren kann. Eine häufig auftretende Ungenauigkeit in der Beweisführung des Minimumprinzips ist der Aspekt, dass die Differenzierbarkeit dieser Funktion zum Ankoppeln der Zustandsbeschränkung einfach angenommen, nicht aber rigoros bewiesen wird. Die Differenzierbarkeit ist von Interesse, damit die adjungierte Integralgleichung in einer für die Praxis nützlicheren Form dargestellt werden kann. Abschließend wird eine Auswahl an Junction–Theoremen

24 Kapitel 3: Theorie optimaler Steuerprozesse mit reinen Zustandsbeschränkungen

vorgestellt, welche als notwendige Optimalitätsbedingungen in Verbindungspunkten zwischen inneren Teilstücken und Randstücken angesehen werden können.

3.1. Einführung von reinen Zustandsbeschränkungen

Als Grundlage für dieses Kapitel betrachte man folgende Erweiterung des Steuerprozesses (P).

Definition 3.1 (Steuerprozess mit reinen Zustandsbeschränkungen)**.** Einen optimalen Steuerprozess der Form

(ZP)
$$\begin{aligned}
\text{Minimiere} \quad & F(x,u) = g(x(0),x(T)) + \int_0^T f_0(x,u)dt \\
\text{unter} \quad & \dot{x} = f(x,u), \quad 0 \leq t \leq T, \\
& \varphi(x(0),x(T)) = 0, \\
& u(t) \in U \subset \mathbb{R}^m \text{ konvex}, \; 0 \leq t \leq T, \\
& S(x(t)) \leq 0, \quad 0 \leq t \leq T,
\end{aligned}$$

nennt man einen *Steuerprozess mit Zustandsbeschränkung*. Dabei ist die *reine Zustandsbeschränkung*

$$S(x(t)) \leq 0, \quad 0 \leq t \leq T, \tag{3.1}$$

gegeben durch eine Funktion $S : \mathbb{R}^n \to \mathbb{R}^k$.

Die Funktionen $g : \mathbb{R}^n \times \mathbb{R}^n \to \mathbb{R}$, $f_0 : \mathbb{R}^n \times \mathbb{R}^m \to \mathbb{R}$, $f : \mathbb{R}^n \times \mathbb{R}^m \to \mathbb{R}^n$ und $\varphi : \mathbb{R}^n \times \mathbb{R}^n \to \mathbb{R}^s$ ($0 \leq s \leq 2n$) seien hinreichend oft stetig differenzierbar bezüglich aller Argumente. Die Funktion $S : \mathbb{R}^n \to \mathbb{R}^k$ sei im Hinblick auf Definition 3.5 hinreichend oft stetig differenzierbar.

Bemerkung 3.2.

(a) Die in den Definitionen 2.1 – 2.5 vereinbarten Bezeichnungen der Dynamik und Randbedingungen sowie des Steuerbereichs und des Zielfunktionals gelten auch für den zustandsbeschränkten Steuerprozess. Der Begriff der Zulässigkeit eines Funktionenpaares (x,u) wird durch die Forderung (3.1) erweitert.

(b) Die Optimalität eines Funktionenpaares (x,u) wird wie in Definition (2.9) festgelegt.

3.1: Einführung von reinen Zustandsbeschränkungen

Falls in einem Zeitpunkt $t \in [0,T]$ die Gleichung $S_i(x(t)) = 0$ für ein $i \in \{1, \ldots, n\}$ gilt, so sagt man, die Zustandsbeschränkung S_i ist in diesem Punkt *aktiv*. Durch die Menge

$$I(t) := \{i \in \{1, \ldots, k\} \mid S_i(x(t)) = 0\} \quad (3.2)$$

werden die zum Zeitpunkt $t \in [0,T]$ aktiven Komponenten der Zustandsbeschränkung S beschrieben. Je nach Verlauf der Zustandstrajektorie unterteilt man das Intervall $[0,T]$ in *innere Teilstücke*, *Randstücke* und *Kontaktpunkte* bezüglich der Komponenten S_i der Zustandsbeschränkung.

Definition 3.3.

1. Ein *Randstück* (boundary arc) bezüglich der Zustandsbeschränkung $S_i(x(t)) \leq 0$ ist ein Intervall $[t_1, t_2]$, $0 \leq t_1 < t_2 \leq T$ mit $S_i(x(t)) = 0$ für $t_1 \leq t \leq t_2$.

2. Ein *inneres Teilstück (interior arc)* bezüglich der Zustandsbeschränkung $S_i(x(t)) \leq 0$ ist ein Intervall (t_1, t_2), $0 \leq t_1 < t_2 \leq T$ mit $S_i(x(t)) < 0$ und $t_1 < t < t_2$.

3. Ein Punkt $t_1 \in (0,T)$ heißt *Eintrittspunkt* (entry point) eines Randstücks $[t_1, t_2]$, wenn es ein $\epsilon > 0$ gibt mit $S_i(x(t)) < 0$ für $t_1 - \epsilon < t < t_1$.

4. Ein Punkt $t_2 \in (0,T)$ heißt *Austrittspunkt* (exit point) eines Randstücks $[t_1, t_2]$, wenn es ein $\epsilon > 0$ gibt mit $S_i(x(t)) < 0$ für $t_2 < t < t_2 + \epsilon$.

5. Ein Punkt $\tau \in (0,T)$ heißt *Kontaktpunkt* (contact point) von S_i, falls es ein $\epsilon > 0$ gibt mit $S_i(x(\tau)) = 0$ und $S_i(x(t)) < 0$ für $\tau - \epsilon < t < \tau$ und $\tau < t < \tau + \varepsilon$.

6. Eintritts-, Austritts- und Kontaktpunkte werden zusammenfassend als *Verbindungspunkte* (junction points) bezeichnet.

Andere Bezeichnungen für Ein- und Austrittspunkte sind Auftreff- bzw. Absprungpunkte. Kontaktpunkte $\tau \in [0,T]$ mit $\frac{d}{dt}S_i(x(\tau)) = 0$ werden auch als Berührpunkte bezeichnet. Notwendige Optimalitätsbedingungen für Verbindungspunkte werden in Abschnitt 3.6 vorgestellt.

Bemerkung 3.4. *Man spricht von einem Randstück $[t_1, t_2]$ von $S : \mathbb{R}^n \to \mathbb{R}^k$, falls $[t_1, t_2]$ ein Randstück bezüglich jeder Komponente $S_i : \mathbb{R}^n \to \mathbb{R}$, $i = 1, \ldots, k$, ist. In Anwendungen kann man häufig zeigen, dass verschiedene Komponenten S_i nicht gleichzeitig aktiv werden können, so dass es zu jedem Zeitpunkt $t \in [0,T]$ maximal eine aktive Beschränkung gibt. Dies vereinfacht die Diskussion des Modells, wie man am Beispiel des Anwendungsbeispiels „Voice Coil-Motor" in Kapitel 6.2 sieht.*

26 Kapitel 3: Theorie optimaler Steuerprozesse mit reinen Zustandsbeschränkungen

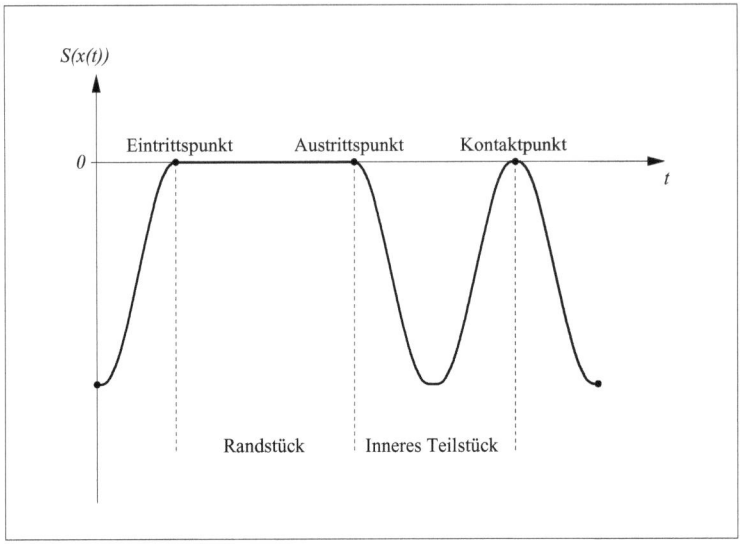

Abb. 3.1.: Beispiel: Verlauf einer Trajektorie mit reinen Zustandsbeschränkungen

Unter gewissen Voraussetzungen ist es möglich, auf einem Randstück $[t_1, t_2]$ eine feedback–Steuerung $u = u(x)$ herzuleiten. Anders als die sogenannten „gemischten Beschränkungen" der Form $C(x, u) \leq 0$ hängen Zustandsbeschränkungen nicht von der formalen Variablen u ab, so dass es auch nicht möglich ist, aus der Gleichung $S(x) = 0$ direkt Informationen über die Randsteuerung u zu erhalten. Da der Zustand x aber über die Dynamik $\dot{x} = f(x, u)$ durch die Steuerung u beeinflusst wird, ist die naheliegende Idee, durch gegebenenfalls mehrfache Differentiation von $S(x(t))$ nach t ein explizites Auftreten der Variablen u zu bewirken.

Definition 3.5 (Ordnung einer Zustandsbeschränkung).
Gegeben sei ein optimaler Steuerprozess (ZP) mit der reinen Zustandsbeschränkung

$$S(x(t)) \leq 0, \quad 0 \leq t \leq T,$$

wobei $S : \mathbb{R}^n \to \mathbb{R}$ an dieser Stelle als skalare Funktion angenommen wird. Man definiere rekursiv die Funktionen $S^j = S^j(x, u)$, $j \geq 0$, durch

$$\begin{aligned} S^0(x) &:= S(x), \\ S^{j+1}(x, u) &:= (S^j(x, u))_x\, f(x, u). \end{aligned}$$

3.1: Einführung von reinen Zustandsbeschränkungen

Die Zahl $p \in \mathbb{N}_+$ heißt *Ordnung* der Zustandsbeschränkung $S(x) \leq 0$ bzgl. der Dynamik $\dot{x} = f(x, u)$, falls gilt

$$\frac{\partial S^j}{\partial u} = 0 \quad \text{für } j = 0, 1, \ldots, p-1,$$
$$\frac{\partial S^p}{\partial u} \not\equiv 0.$$

Unter Berücksichtigung der Differentialgleichung $\dot{x} = f(x, u)$ erhält man

$$\begin{aligned} S^j(x(t)) &= \frac{d^j}{dt^j} S(x(t)) \quad \text{für } j = 0, 1, \ldots, p-1, \\ S^p(x(t), u(t)) &= \frac{d^p}{dt^p} S(x(t)). \end{aligned} \quad (3.3)$$

Die Ordnung $p \geq 1$ gibt also an, wie oft man die Zustandsbeschränkung $S(x(t))$ nach t differenzieren muss, um erstmals die Variable u explizit zu erhalten. Im Falle einer mehrdimensionalen Zustandsbeschränkung $S : \mathbb{R}^n \to \mathbb{R}^k$ definiert man die Ordnung $p_i \in \mathbb{N}_+$, $i = 1, \ldots, k$ der Funktion $S_i : \mathbb{R}^n \to \mathbb{R}$ komponentenweise wie in Defintion 3.5. Zustandsbeschränkungen von erster Ordnung sind im Vergleich zu Beschränkungen höherer Ordnung einfacher zu handhaben und wurden auch in der Literatur ausführlicher diskutiert. Solche Restriktionen treten häufig in praktischen Anwendungen auf. Formal erhält man für $p = 0$ eine gemischte Steuer–Zustandsbeschränkung, welche neben dem Zustand x auch die Steuerung u enthält, und somit von der Gestalt $C(x(t), u(t)) \leq 0$, $t \in [0, T]$ ist. Für Steuerprozesse mit derartigen Beschränkungen existiert ebenfalls ein Minimumprinzip, worauf in dieser Arbeit jedoch nicht weiter eingegangen wird.

Auf einem Randstück $[t_1, t_2]$ gilt $S(x(t)) = 0$. Daher verschwinden dort auch sämtliche zeitlichen Ableitungen, d.h., es gelten die Beziehungen

$$\begin{aligned} S^j(x(t)) &= 0 \text{ für } t_1 \leq t \leq t_2, \quad j = 0, 1, \ldots, p-1 \\ S^p(x(t), u(t)) &= 0 \text{ für } t_1 \leq t \leq t_2. \end{aligned} \quad (3.4)$$

Wegen des Eindeutigkeitssatzes bei Differentialgleichungen, vgl. [WALTER 2000], lassen sich die Bedingungen $S^j(x(t)) = 0$ für $t_1 \leq t \leq t_2$, $j = 0, 1, \ldots, p-1$, auf den Punkt t_1 reduzieren, so dass (3.4) äquivalent ist zu den Bedingungen

$$\begin{aligned} S^j(x(t_1)) &= 0 \text{ für } j = 0, 1, \ldots, p-1, \\ S^p(x(t), u(t)) &= 0 \text{ für } t_1 \leq t \leq t_2. \end{aligned} \quad (3.5)$$

28 Kapitel 3: Theorie optimaler Steuerprozesse mit reinen Zustandsbeschränkungen

Zur weiteren Analyse von zustandsbeschränkten Steuerprozessen wird an mehreren Stellen eine Voraussetzung für die Zustandsbeschränkung benötigt, die meist mit dem Begriff *Regularität* bezeichnet wird.

Voraussetzung 3.6 (Regularitätsbedingung (constraint qualification)). *Die Gradienten*

$$\frac{\partial}{\partial u} S_i^{p_i}(x(t), u(t)), \quad i \in I(t),$$

der aktiven Zustandsbeschränkungen seien linear unabhängig für alle $t \in [0, T]$. Hierbei bezeichnet $I(t)$ die Menge der aktiven Indizes zum Zeitpunkt t, siehe (3.2).

Äquivalent zu dieser Forderung ist die Bedingung, dass die $k \times (m + k)$-Matrix

$$\mathcal{M} := \begin{pmatrix} \frac{\partial}{\partial u_1} S_1^{p_1} & \cdots & \frac{\partial}{\partial u_m} S_1^{p_1} & S_1 & \cdots & 0 \\ \vdots & & \vdots & \vdots & \ddots & \vdots \\ \frac{\partial}{\partial u_1} S_k^{p_k} & \cdots & \frac{\partial}{\partial u_m} S_k^{p_k} & 0 & \cdots & S_k \end{pmatrix} (x(t), u(t))$$

entlang der Trajektorie $(x(t), u(t))$ zu jedem Zeitpunkt $t \in [0, T]$ vollen Zeilenrang k besitzt. Daraus ergibt sich folgende Aussage über den Zusammenhang zwischen aktiven Zustandsbeschränkungen und der Dimension m des Steuerbereichs U.

Bemerkung 3.7. *Falls für einen Steuerprozess (ZP) die Regularitätsbedingung 3.6 erfüllt ist, so sind höchstens m Komponenten der Zustandsbeschränkung $S(x(t)) \leq 0$ gleichzeitig aktiv.*

Im Falle einer skalaren Zustandsbeschränkung $S : \mathbb{R}^n \to \mathbb{R}$ wird durch 3.6 lediglich verlangt, dass die partielle Ableitung von S^p nach u entlang eines jeden Randstücks $[t_1, t_2]$ nicht verschwindet, d.h.

$$\frac{\partial S^p}{\partial u}(x(t), u(t)) \neq 0, \quad \text{für alle } t \in [t_1, t_2]. \tag{3.6}$$

Da die Regularitätsbedingung nicht erfüllt sein kann, wenn die Steuerbeschränkung und die reine Zustandsbeschränkung *gleichzeitig* aktiv sind, fordert man meist für ein Randstück $[t_1, t_2]$ die Bedingung $u(t) \in \text{int}(U)$ für $t \in (t_1, t_2)$.

3.2. Notwendige Optimalitätsbedingungen

In diesem Abschnitt werden notwendige Optimalitätsbedingungen für Steuerungsprobleme mit reinen Zustandsbeschränkungen durch eine Erweiterung des Pontryaginschen Minimumprinzips 2.12 behandelt.

3.2: Notwendige Optimalitätsbedingungen

3.2.1. Funktionalanalytische Grundlagen

Als Vorbereitung für die Formulierung notwendiger Optimalitätsbedingungen werden an dieser Stelle einige funktionalanalytische Begriffe vorgestellt, die in diesem Zusammenhang von Bedeutung sind. Bei der Herleitung dieser Bedingungen auf Basis der Optimierungstheorie in Banachräumen spielen die sogenannten KKT-Bedingungen, die benannt sind nach den Autoren W. Karush, H.W. Kuhn und A.W. Tucker, eine zentrale Rolle, vgl. [KARUSH 1939], [KUHN/TUCKER 1951] und auch [NEUSTADT 1976]. Überträgt man diese formal auf einen optimalen Steuerprozess, so ergibt sich, dass die adjungierte Funktion λ aus dem Dualraum der stetigen Funktionen auf $\mathcal{C}([0,T],\mathbb{R}^n)$ stammen. Diesen Dualraum $\mathcal{C}([0,T],\mathbb{R}^n)^*$ kann man mit dem Raum der Funktionen von beschränkter Variation identifizieren.

Definition 3.8 (Funktionen von beschränkter Variation). Man nennt eine Funktion $f : [0,T] \to \mathbb{R}$ von *beschränkter Variation*, wenn es eine Konstante $K \in \mathbb{R}_+$ gibt, so dass für jede Unterteilung

$$\mathbb{U}_N := \{0 = t_0 < t_1 < \cdots < t_N = T\}$$

des Intervalls $[0,T]$ gilt

$$\sum_{i=1}^{N} |f(t_i) - f(t_{i-1})| \leq K.$$

Die *Totale Variation von f auf* $[0,T]$ wird dann definiert als

$$TV_{[0,T]}(f) := \sup_{\mathbb{U}_N} \sum_{i=1}^{N} |f(t_i) - f(t_{i-1})|. \tag{3.7}$$

Die Menge $BV([0,T],\mathbb{R})$ aller reellwertigen Funktionen von beschränkter Variation auf $[0,T]$ bildet zusammen mit der Norm

$$||f||_{BV} := |f(0)| + TV_{[0,T]}(f)$$

einen normierten Vektorraum, vgl. [HEUSER 2006], Kap. 9.

In [NATANSON 1975] werden Funktionen beschränkter Variation ausführlich diskutiert. Einige Eigenschaften, die im Zusammenhang mit optimalen Steuerprozessen von Interesse sind, sind in folgender Bemerkung aufgeführt.

30 Kapitel 3: Theorie optimaler Steuerprozesse mit reinen Zustandsbeschränkungen

Bemerkung 3.9.

- *Die Identifizierung des Raumes $BV([0,T],\mathbb{R})$ als Dualraum $\mathcal{C}([0,T],\mathbb{R})^*$ der stetigen Funktionen ist erklärt durch beschränkte, lineare Funktionale vom Typ*

$$\mathcal{F}_\eta : \mathcal{C}([0,T],\mathbb{R})^* \to \mathbb{R}, \quad \mathcal{F}_\eta(f) = \int_0^T f(t) d\eta(t), \qquad (3.8)$$

  wobei $\eta \in BV([0,T],\mathbb{R})$. Das Integral ist ein Stieltjes–Integral, vgl. Definition 3.10. Alle stetigen linearen Funktionale $\mathcal{C}([0,T],\mathbb{R}) \to \mathbb{R}$ besitzen nach dem Rieszschen Darstellungssatz eine Repräsentation (3.8) mit geeignetem $\eta \in BV([0,T],\mathbb{R})$, siehe [NATANSON 1975], S. 266.

- *Der sogenannte normalisierte Raum von Funktionen beschränkter Variation $BV^0([0,T],\mathbb{R})$ besteht aus allen Funktionen $\eta \in BV([0,T],\mathbb{R})$, die linksstetig auf $(0,T)$ sind und für die $\eta(T) = 0$ gilt. Durch diese Vereinbarung wird die obige Identifizierung als Dualraum von $\mathcal{C}([0,T],\mathbb{R})$ eindeutig.*

- *Jede monotone Funktion $f : [0,T] \to \mathbb{R}$ ist eine Funktion von beschränkter Variation.*

- *Jede Lipschitz–stetige Funktion $f : [0,T] \to \mathbb{R}$ ist eine Funktion von beschränkter Variation. f heißt Lipschitz–stetig auf $[0,T]$, wenn es eine Konstante K gibt, so dass für alle $x, y \in [0,T]$ gilt:*

$$|f(x) - f(y)| \leq K|x - y|.$$

- *Jede Funktion von beschränkter Variation ist beschränkt.*

- *Summe, Differenz und Produkt zweier Funktionen von endlicher Variation sind Funktionen von endlicher Variation.*

Für die Formulierung von notwendigen Optimalitätsbedingungen für (ZP) wird ferner eine Verallgemeinerung des Riemann–Integrals durch das *Stieltjes–Integral* benötigt.

Definition 3.10 (Stieltjes–Integral). Seien $f, g : [0,T] \to \mathbb{R}$ beschränkte Funktionen und

$$\mathbb{U}_N := \{0 = t_0 < t_1 < \cdots < t_N = T\}$$

eine Unterteilung von $[0,T]$. Für N beliebige Punkte $\tau_i \in [t_{i-1}, t_i]$, $i = 1, \ldots, N$ bilde man die Summe

$$\Sigma(\mathbb{U}_N; \tau_1, \ldots, \tau_N) = \sum_{i=1}^N f(\tau_i) \left(g(t_i) - g(t_{i-1}) \right). \qquad (3.9)$$

3.2: Notwendige Optimalitätsbedingungen

Falls $\Sigma(\mathbb{U}_N; \tau_1, \ldots, \tau_N)$ für $\max_{1 \leq i \leq N}(t_i - t_{i-1}) \to 0$ gegen einen endlichen Grenzwert $\bar{\Sigma}$ konvergiert, der weder von der Zerlegung $\mathbb{U}_N$ noch von der Auswahl der Punkte τ_i abhängt, so heißt dieser Grenzwert *Stieltjes–Integral der Funktion f nach der Funktion g*. Man schreibt

$$\bar{\Sigma} = \int_0^T f(t) dg(t).$$

Das Stieltjes–Integral ist als Verallgemeinerung des gewöhnlichen Riemann–Integrals anzusehen, welches man nach Definition 3.10 als Spezialfall des Stieltjes–Integral mit $g(t) = t$ erhält. Funktionen von beschränkter Variation sind genau die Funktionen, nach denen das Stieltjes–Integral von *allen* stetigen Funktionen existiert. Für Untersuchungen der adjungierten Differentialgleichung bei zustandsbeschränkten Steuerprozessen ist folgender Zusammenhang zwischen Stieltjes– und Riemann–Integral von Interesse.

Bemerkung 3.11. *Für Funktionen $f \in \mathcal{C}([0,T], \mathbb{R})$ und $g \in BV([0,T], \mathbb{R})$ existiert das Stieltjes–Integral $\int_0^T f(t) dg(t)$. Ist g stückweise differenzierbar mit $h(t) := \dot{g}(t)$ für fast alle $t \in [0,T]$, so lässt sich das Stieltjes–Integral berechnen durch*

$$\int_0^T f(t) dg(t) = \int_0^T f(t) h(t) dt.$$

Das Integral auf der rechten Seite ist ein gewöhnliches Riemann–Integral. Diese Aussage wird in [NATANSON 1975] gezeigt und basiert auf der Anwendung des Mittelwertsatzes auf die Ausdrücke $g(t_i) - g(t_{i-1})$ in (3.9).

3.2.2. Erweitertes Minimumprinzip mit Stieltjes–Integral

Für die Bezeichnungen des folgenden Satzes sei auf die Vereinbarung 2.11 hingewiesen, wonach man $\lambda(t)$, $\eta(t)$, ρ, γ_a und γ_e als Zeilenvektoren aufzufassen hat.

Satz 3.12 (Notwendige Optimalitätsbedingungen für (ZP)).
Sei $(x^*, u^*) \in \mathbb{W}^{1,\infty}([0,T], \mathbb{R}^n) \times L^\infty([0,T], \mathbb{R}^m)$ eine lokal optimale Lösung (im Sinne der L^1–Norm) des zustandsbeschränkten Steuerprozesses (ZP). Dann existieren

1. *eine reelle Zahl $\lambda_0 \geq 0$ und Multiplikatoren $\rho \in \mathbb{R}^s$, γ_a, $\gamma_\mathrm{e} \in \mathbb{R}^k$,*

2. *eine Funktion $\lambda \in BV([0,T], \mathbb{R}^n)$,*

3. *eine Funktion $\eta \in BV([0,T], \mathbb{R}^k)$ mit $\eta(T) = 0$,*

32 Kapitel 3: Theorie optimaler Steuerprozesse mit reinen Zustandsbeschränkungen

so dass die folgenden Aussagen gelten:

(i) Nichttrivialität:

$$(\lambda_0, \rho, \lambda(t), \eta(t)) \neq 0 \text{ für alle } t \in [0, T]. \tag{3.10}$$

(ii) Minimumbedingung:

$$H(x^*(t), \lambda(t), u^*(t)) = \min_{u \in U} H(x^*(t), \lambda(t), u) \tag{3.11}$$

für fast alle $t \in [0, T]$.

(iii) Adjungierte Integralgleichung:

$$\begin{aligned} \lambda(t) &= \lambda(T) + \int_t^T H_x(x^*(t), \lambda(t), u^*(t))dt \\ &\quad + \sum_{i=1}^k \int_t^T (S_i)_x(x^*(t))d\eta_i(t) \end{aligned} \tag{3.12}$$

für alle $t \in [0, T]$.

(iv) Transversalitätsbedingungen:

$$\lambda(0) = -\frac{\partial}{\partial x_a}(\lambda_0 g + \rho \varphi)(x^*(0), x^*(T)) - \gamma_a S_x(x^*(0)), \tag{3.13}$$

$$\lambda(T) = \frac{\partial}{\partial x_e}(\lambda_0 g + \rho \varphi)(x^*(0), x^*(T)) + \gamma_e S_x(x^*(T)), \tag{3.14}$$

wobei $\gamma_a \geq 0$, $\gamma_e \geq 0$ und $\gamma_a S(x^*(0)) = \gamma_e(x^*(T)) = 0$ gilt und $g : \mathbb{R}^n \times \mathbb{R}^n \to \mathbb{R}$ bzw. $\varphi : \mathbb{R}^n \times \mathbb{R}^n \to \mathbb{R}^r$ als Funktionen mit dem Argument $(x_a, x_e) \in \mathbb{R}^n \times \mathbb{R}^n$ aufzufassen sind.

(v) Sprungbedingung:
Für jeden Verbindungspunkt τ eines Randstücks gilt die Sprungbedingung

$$\lambda(\tau^+) = \lambda(\tau^-) - (\eta(\tau^+) - \eta(\tau^-))(S_i)_x(x^*(\tau)). \tag{3.15}$$

(vi) Komplementaritätsbedingung:

$$d\eta \geq 0 \text{ und } \sum_{i=1}^k \int_0^T S_i(x(t))d\eta_i(t) = 0. \tag{3.16}$$

(vii) Für die Hamilton–Funktion H gilt im autonomen Fall mit $\frac{\partial H}{\partial t} = 0$

$$H(x^*(t), \lambda(t), u^*(t)) \equiv \text{const. für } t \in [0, T]. \tag{3.17}$$

3.2: Notwendige Optimalitätsbedingungen

Die klassische Beweisführung dieser notwendigen Optimalitätsbedingungen ist beispielsweise zu finden in [KNOBLOCH 1975] in Verbindung mit [HESTENES 1966] und [PONTRYAGIN 1967]. Dieser Ansatz liefert jedoch im Allgemeinen nur für Zustandsbeschränkungen erster Ordnung ein zufriedenstellendes Minimumprinzip. Im Gegensatz dazu erhält man durch die Beweisführung mittels Optimierung in unendlich–dimensionalen Banachräumen unabhängig von der Ordnung p allgemeine notwendige Optimalitätsbedingungen, vgl. [NEUSTADT 1967], [GIRSANOV 1972], [JACOBSON 1971], [MAURER 1976b] und [IOFFE 1979]. Ein Problem für den praktischen Nutzen dieser Aussage ist jedoch dadurch gegeben, dass man die Multiplikatorfunktion η aus der Klasse der Funktionen beschränkter Variationen zu wählen hat. Durch das in diesem Zusammenhang auftretende Stieltjes–Integral lässt sich kein Optimierungsverfahren entwickeln, welches auf der numerischen Integration der adjungierten Differentialgleichung 3.12 basiert, vgl. Kapitel 5. Man benötigt an dieser Stelle gewisse Regularitätsbedingungen, welche die Differenzierbarkeit von η auf Randstücken gewährleisten, siehe Abschnitt 3.2.3.

Für allgemeinere optimale Steuerprozesse mit Volterra–Integralgleichungen wurde Satz 3.12 kürzlich in [BONNANS 2010] bewiesen. Ein wichtiges Hilfsmittel hierbei ist das Ekeland–Prinzip, vgl. [EKELAND 1979].

Bemerkung 3.13.

- *Auf inneren Teilstücken bzgl. der Zustandsbeschränkung S_i ist wegen der Komplementaritätsbedingung (3.16) der Multiplikator η_i konstant.*

- *Die adjungierte Differentialgleichung (3.12) ist äquivalent zur Bedingung*

$$\lambda(\tau_1^+) - \lambda(\tau_0^+) = -\int_{\tau_0}^{\tau_1} H_x(x^*(t), \lambda(t), u^*(t))dt \\ - \sum_{i=1}^{k} \int_{\tau_0}^{\tau_1} (S_i)_x(x^*(t))d\eta_i(t)$$

für alle Punkte τ_0, τ_1 mit $0 \leq \tau_0 < \tau_1 \leq T$.

Ein hinreichendes Kriterium für $\lambda_0 > 0$ erhält man durch Anwendung der sogenannten Slater–Bedingung aus der Optimierungstheorie. Man formuliert (ZP) als unendlich–dimensionales Optimierungsproblem in Banachräumen und überträgt die Slater–Bedingung auf dieses Problem, vgl. [MAURER 1979a]. Bei praktischen Anwendungen ist dieses Kriterium jedoch schwierig zu überprüfen, so dass es eher von theoretischem Interesse ist.

34 Kapitel 3: Theorie optimaler Steuerprozesse mit reinen Zustandsbeschränkungen

3.2.3. Eigenschaften der Multiplikatorfunktion

Als Basis für numerische Algorithmen zur näherungsweisen Lösung eines Steuerprozesses (ZP) sind die notwendigen Optimalitätsbedingungen in Gestalt 3.12 wegen der Darstellung der adjungierten Differentialgleichung mit dem Stieltjes–Integral ungeeignet. Es ist ohne Weiteres nicht möglich, durch Diskretisierung ein endlichdimensionales Optimierungsproblem zu erzeugen, welches zur Approximation der optimalen Lösung benutzt werden kann. Wünschenswert wäre eine Darstellung der adjungierten Differentialgleichung, in welcher das Stieltjes–Integral durch Differentiation der Funktion η in ein Riemann–Integral überführt werden kann, vgl. Bemerkung 3.11. Der folgende Satz aus [MAURER 1979b] gibt an, unter welchen Voraussetzungen die Differenzierbarkeit der Multiplikatorfunktion η auf einem Randstück $[t_1, t_2]$ gewährleistet ist. Diese wird benötigt, um das Minimumprinzip 3.12 auf die Gestalt 3.17 zu überführen, welche man als Grundlage numerischer Optimierungsverfahren nutzen kann.

Satz 3.14. *Sei (x^*, u^*) eine optimale Lösung des zustandsbeschränkten Steuerprozesses (ZP) mit Randstück $[t_1, t_2] \subset [0, T]$. Die Komponenten S_i, $i = 1, \ldots, k$, der Zustandsbeschränkung S seien ihrer Ordnung p_i nach aufsteigend sortiert, d.h., es gelte $p_1 \leq \cdots \leq p_k$. Folgende Voraussetzungen seien erfüllt:*

1. *Die Funktionen f und S seien $(p_k + l)$-mal stetig differenzierbar $(l \geq 0)$.*

2. *Für $t \in (t_1, t_2)$ gelte $u^*(t) \in \text{int}(U)$ und u^* sei $(p_k + l)$-mal stetig differenzierbar.*

3. *Es gelte die Regularitätsbedingung 3.6.*

Dann sind die Funktionen λ und η aus dem Minimumprinzip 3.12 $(l+1)$-mal stetig differenzierbar auf dem Randstück (t_1, t_2). Die Funktion $\mu := \frac{d}{dt}\eta$ ist für den Fall $p_1 = \ldots = p_k =: p$ explizit gegeben durch

$$\mu(t) = (-1)^{p-1}\lambda(t)(\psi_p^1(t), \ldots, \psi_p^k(t)) \left[\left((S_i^p)_{u_j}(x(t), u(t))\right)_{j=1,\ldots,k}^{i=1,\ldots,k}\right]^{-1}, \tag{3.18}$$

wobei $\psi_p^1(t), \ldots, \psi_p^k(t)$ die ersten k Spalten der Matrixfunktion $\psi_p : (t_1, t_2) \to \mathbb{R}^{n \times m}$ sind, welche durch die Rekursion

$$\psi_0(t) := f_u(x(t), u(t)), \quad \psi_{i+1}(t) = \dot{\psi}_i(t) - f_x(x(t), u(t))\psi_i(t), \tag{3.19}$$

definiert ist.

Zur Wohldefiniertheit der Matrix $\left((S_i^p)_{u_j}(x(t), u(t))\right)_{j=1,\ldots,k}^{i=1,\ldots,k}$ aus (3.18) sei auf Bemerkung 3.7 hingewiesen, wonach in Satz 3.14 $k \leq m$ gilt. Die Untersuchungen der

3.2: Notwendige Optimalitätsbedingungen

Differenzierbarkeit der Multiplikatorfunktion bei optimalen Multiprozessen in Kapitel 4 stützen sich auf dieses Resultat. Deshalb werden zum besseren Verständnis die zentralen Beweisschritte für den skalaren Fall $m = k = 1$ an dieser Stelle erläutert.

Beweisskizze von Satz 3.14. Sei $m = k = 1$ und $p := p_1$. Die Menge der Testfunktionen h auf dem Randstück $[t_1, t_2]$ sei

$$\mathcal{T}_0^\infty[t_1, t_2] = \left\{ h \in \mathcal{C}^\infty[t_1, t_2] \mid h^{(k)}(t_1) = h^{(k)}(t_2) = 0 \text{ für alle } k \geq 0 \right\}. \tag{3.20}$$

Da nach Voraussetzung u^* für $t \in (t_1, t_2)$ (p_k+l)-mal stetig differenzierbar ist, ergibt sich aus der Rekursion (3.19), dass $\psi_i(t)$, $i = 0, \ldots, p$, mindestens $(p + l - i)$-mal stetig differenzierbar nach t ist. Per Induktion lässt sich dann mit Hilfe partieller Integration folgende Gleichung herleiten, siehe [MAURER 1979b]:

$$\int_{t_1}^{t_2} h^{(p)}(t) H_u[t] dt$$
$$= \begin{cases} (-1)^i \int_{t_1}^{t_2} h^{(p-i)}(t) \lambda(t) \psi_i(t) dt, & i = 0, \ldots, p-1, \\ (-1)^p \int_{t_1}^{t_2} h(t) \left(\lambda(t) \psi_p(t) dt - (-1)^{p-1} (S^p)_u[t] d\eta(t) \right), & i = p. \end{cases} \tag{3.21}$$

Wegen der Annahme $u(t) \in \text{int}(U)$ liefert die Minimumbedingung (3.11) $H_u[t] = 0$ für fast alle $t \in (t_1, t_2)$. Nutzt man dies in (3.21) aus, so folgt für $i = 0, \ldots, p-1$

$$0 = \int_{t_1}^{t_2} h^{(p-1)}(t) \lambda(t) \psi_i(t) dt, \quad i = 0, \ldots, p-1. \tag{3.22}$$

Da diese Gleichung für *alle* Testfunktionen $h \in \mathcal{T}_0^\infty[t_1, t_2]$ gilt, muss bereits

$$\lambda(t)\psi_i(t) = 0 \text{ für fast alle } t \in (t_1, t_2) \tag{3.23}$$

gelten. Die Funktionen ψ_i, $i = 0, \ldots, p-1$ sind stetig und die adjungierte Funktion $\lambda \in BV([0, T], \mathbb{R}^n)$ ist rechtsstetig, womit die Verschärfung

$$\lambda(t)\psi_i(t) = 0 \text{ für alle } t \in (t_1, t_2) \tag{3.24}$$

folgt. Setzt man die Sprungbedingung (3.15) in (3.24) ein, so erhält man für $i = p-1$

$$0 = \lambda(t^+)\psi_{p-1}(t) = -(\eta(t^+) - \eta(t^-)) S_x(x(t)) \psi_{p-1}(t). \tag{3.25}$$

Die folgende Formel wird benötigt, deren Beweis auch schon in [HAMILTON 1972] zu finden ist:

$$S_x(x(t))\psi_{p-1}(t) = (-1)^{p-1} (S^p)_u(x(t), u(t)). \tag{3.26}$$

Aus (3.25) und (3.26) erhält man

$$(-1)^p(\eta(t^+) - \eta(t^-))(S^p)_u(x(t), u(t)) = 0 \qquad (3.27)$$

und wegen der Regularitätsbedingung (3.6)

$$\eta(t^+) = \eta(t^-) \text{ für alle } t \in (t_1, t_2). \qquad (3.28)$$

Die Multiplikatorfunktion η und die adjungierte Funktion λ sind somit stetig innerhalb des Randstücks (t_1, t_2). Mit (3.21) und $H_u[t] = 0$ ergibt sich für $i = p$

$$\begin{aligned}
0 &= \int_{t_1}^{t_2} h^{(p)}(t) H_u[t] dt \\
&= (-1)^p \int_{t_1}^{t_2} h(t) \left(\lambda(t)\psi_p(t) dt - (-1)^{p-1}(S^p)_u(x(t), u(t)) d\eta(t) \right) (3.29)
\end{aligned}$$

Da diese Gleichung wieder für *alle* Testfunktionen $h \in \mathcal{T}_0^\infty[t_1, t_2]$ gilt, muss bereits

$$\lambda(t)\psi_p(t)dt - (-1)^{p-1}(S^p)_u(x(t), u(t))d\eta(t) = 0 \qquad (3.30)$$

gelten, woraus sich eine explizite Darstellung des Maßes $d\eta$ ergibt:

$$d\eta = \frac{(-1)^{p-1}\lambda\psi_p}{(S^p)_u} dt. \qquad (3.31)$$

Wegen der Stetigkeit von λ auf (t_1, t_2) folgt daraus die Formel (3.18) für $m = k = 1$:

$$\mu(t) := \frac{d}{dt}\eta(t) = \frac{(-1)^{p-1}\lambda(t)\psi_p(t)}{(S^p)_u[t]}, \qquad (3.32)$$

wobei μ stetig auf (t_1, t_2) ist. Die $\mathcal{C}^{l+1}$–Differenzierbarkeit von λ und μ ergibt sich aus folgender Darstellung der adjungierten Differentialgleichung unter Verwendung der Differenzierbarkeitseigenschaften von f_x, ψ und $(S^p)_u$:

$$\dot\lambda = -\lambda f_x - \frac{(-1)^{p-1}\lambda\psi_p}{(S^p)_u} \cdot S_x. \qquad (3.33)$$

$\square$

Mit Hilfe der Bemerkung 3.11 liefert dieser Satz die

Folgerung 3.15. *Ist die Multiplikator–Funktion η aus dem Minimumprinzip 3.12 auf einem Randstück (t_1, t_2) differenzierbar mit Ableitung $\mu(t) := \frac{d}{dt}\eta(t)$, so ergibt sich aus der adjungierten Integralgleichung (3.12) die Differentialgleichung*

$$\dot\lambda = -H_x(x(t), \lambda(t), u(t)) - \sum_{i=1}^{k}(S_i)_x(x(t))\mu_i(t). \qquad (3.34)$$

3.2.4. Erweitertes Minimumprinzip mit Riemann–Integral

Die Überlegungen im vorigen Abschnitt motivieren eine angepasste Formulierung des erweiterten Minimumprinzips, bei welchem in der adjungierten Differentialgleichung das Stieltjes–Integral durch ein geeignetes Riemann–Integral ersetzt wird. Hierfür wird der Begriff der *erweiterten Hamilton–Funktion* benötigt. Die folgenden Begriffe und Sätze gelten für beliebiges $m \in \mathbb{N}_+$ und $k \in \mathbb{N}_+$.

Definition 3.16 (Erweiterte Hamilton–Funktion). Gegeben sei ein optimaler Steuerprozess mit reinen Zustandsbeschränkungen in der Form (ZP). Die diesem Prozess zugeordnete Funktion

$$\tilde{H}(x, \lambda, \mu, u) = \lambda_0 f_0(x, u) + \lambda f(x, u) + \mu S(x),$$
$$\lambda_0 \in \mathbb{R},\ \lambda \in \mathbb{R}^n,\ \mu \in \mathbb{R}^k,$$
(3.35)

heißt *erweiterte Hamilton–Funktion*. Die Komponenten λ_i, $i = 1, ..., n$, des Vektors $\lambda \in \mathbb{R}^n$ heißen wie in Definition 2.9 *adjungierte Variablen* und die Komponenten μ_i, $i = 1, ..., k$, des Vektors $\mu \in \mathbb{R}^k$ bezeichnet man als *Multiplikatoren*.

Bezüglich der Notation in diesem Abschnitt sei an die Vereinbarung 2.11 erinnert.

Satz 3.17 (Erweitertes Minimumprinzip bei Zustandsbeschränkungen).
Sei $(x^*, u^*) \in \mathbb{W}^{1,\infty}([0,T], \mathbb{R}^n) \times L^\infty([0,T], \mathbb{R}^m)$ eine optimale Lösung des zustandsbeschränkten Steuerprozesses (ZP). Die Regularitätsbedingung 3.6 sei erfüllt und für jedes Randstück $[t_1, t_2]$ einer Komponente S_i gelte $u^*(t) \in \text{int}(U)$ für $t_1 \leq t \leq t_2$. Dann existieren

1. *eine reelle Zahl $\lambda_0 \geq 0$ und Multiplikatoren $\rho \in \mathbb{R}^s$, γ_a, $\gamma_\text{e} \in \mathbb{R}^k$,*

2. *eine stückweise stetige und stückweise stetig differenzierbare Funktion $\lambda : [0,T] \to \mathbb{R}^n$,*

3. *eine stückweise stetige Multiplikatorfunktion $\mu : [0,T] \to \mathbb{R}^k$ und*

4. *Multiplikatoren $\nu(t_i) \in \mathbb{R}^k$, $\nu_j(t_i) \geq 0$, $1 \leq j \leq k$, in jedem Eintritts–, Austritts– oder Kontaktpunkt $t_i \in (0, T)$,*

so dass die folgenden Aussagen gelten:

(i) Für fast alle $t \in [0, T]$ gilt die Minimumbedingung

$$\tilde{H}(x^*(t), \lambda(t), \mu(t), u^*(t)) = \min_{u \in U} \tilde{H}(x^*(t), \lambda(t), \mu(t), u). \quad (3.36)$$

(ii) Es gelten die adjungierte Differentialgleichung

$$\dot{\lambda}(t) = -\tilde{H}_x(x^*(t), \lambda(t), \mu(t), u^*(t)) \tag{3.37}$$

für fast alle $t \in [0, T]$ und die Transversalitätsbedingungen

$$\lambda(0) = -\frac{\partial}{\partial x_\mathrm{a}} (\lambda_0\, g + \rho\, \varphi)\, (x^*(0), x^*(T)) - \gamma_\mathrm{a}\, S_x(x^*(0)), \tag{3.38}$$

$$\lambda(T) = \frac{\partial}{\partial x_\mathrm{e}} (\lambda_0\, g + \rho\, \varphi)\, (x^*(0), x^*(T)) + \gamma_\mathrm{e}\, S_x(x^*(T)), \tag{3.39}$$

wobei $\gamma_\mathrm{a} \geq 0$, $\gamma_\mathrm{e} \geq 0$ und $\gamma_\mathrm{a}\, S(x^*(0)) = \gamma_\mathrm{e}\, S(x^*(T)) = 0$.

(iii)

$$\mu(t) \geq 0 \text{ und } \mu(t) S(x^*(t)) = 0 \text{ für alle } t \in [0, T]\,. \tag{3.40}$$

(iv) In jedem Ein– oder Austrittspunkt eines Randstückes oder Kontaktpunkt $t_i \in (0, T)$ gilt die Sprungbedingung für die adjungierte Funktion λ:

$$\lambda(t_i^+) = \lambda(t_i^-) - \nu(t_i) S_x(x(t_i)), \tag{3.41}$$

d.h., λ kann in Eintritts–, Austritts– und Kontaktpunkten unstetig sein.

(v) Falls T frei ist, gilt

$$\tilde{H}(x^*(T), \lambda(T), \mu(T), u^*(T)) = 0. \tag{3.42}$$

(vii) Im autonomen Fall mit $\frac{\partial \tilde{H}}{\partial t} = 0$ gilt

$$\tilde{H}(x^*(t), \lambda(t), \mu(t), u^*(t)) \equiv \text{const. für } t \in [0, T]. \tag{3.43}$$

3.3. Die indirekte Methode zur Ankopplung der Zustandsbeschränkung

Zur Formulierung des Minimumprinzips in Gestalt von 3.17 wird die reine Zustandsbeschränkung S über eine Multiplikatorfunktion μ direkt an die Hamilton–Funktion H angekoppelt. Diese Technik wird auch als direkte Methode oder *direct adjoining approach* bezeichnet. Eine alternative Variante ist die indirekte Methode, auch *indirect adjoining approach* genannt, bei welcher man nicht S sondern S^i für ein $i \in \{1, \ldots, p\}$ an die Hamilton–Funktion angekoppelt. Dieser Ansatz ist in [BRYSON 1963], [JACOBSON 1971], [MAURER 1979b] und [HARTL 1995]

3.3: Die indirekte Methode zur Ankopplung der Zustandsbeschränkung

erläutert. An dieser Stelle wird insbesondere der Zusammenhang von der indirekten Methode mit der direkten Methode aus Abschnitt 3.2 erläutert. Der einfacheren Notation halber gelte im Folgenden $m = k = 1$ und es liege der normale Fall mit $\lambda_0 = 1$ vor. Die optimale Lösung besitze ein Randstück $[t_1, t_2] \subset [0, T]$ mit $S(x(t)) = 0$ sowie einen Kontaktpunkt t_3. Bei mehreren Randstücken und Kontaktpunkten lassen sich die folgenden Ausführungen entsprechend verallgemeinern, siehe [MAURER 1979b]. Bei dem indirekten Ansatz wird die dem Problem (ZP) zugeordnete Hamilton–Funktion wie folgt definiert.

Definition 3.18 (Erweiterte Hamilton–Funktion der indirekten Methode).
Gegeben sei ein optimaler Steuerprozess mit reinen Zustandsbeschränkungen in der Form (ZP). Die diesem Prozess zugeordnete Funktion

$$\tilde{H}^i(x, \lambda^i, \mu^i, u) = f_0(x, u) + \lambda^i f(x, u) + \mu^i S^i, \quad \lambda^i \in \mathbb{R}^n, \; \mu^i \in \mathbb{R}, \qquad (3.44)$$

für ein $i \in \{0, 1, \ldots, p\}$ heißt *erweiterte Hamilton–Funktion der indirekten Methode*.

Im Folgenden wird davon ausgegangen, dass die Regularitätsbedingung 3.6 erfüllt ist und für die optimale Steuerung $u(t) \in \text{int}(U)$ für $t_1 \leq t \leq t_2$ gilt. Das Ziel ist nun, für jedes $i \in \{1, \ldots, p\}$ mit der entsprechenden Hamilton–Funktion H^i ein Minimumprinzip zu formulieren. Die Abbildungen S^i, $i = 0, 1, \ldots, p$, sind rekursiv definiert wie in 3.5. Auch die adjungierte Variablen λ^i und die Multiplikatoren μ^i sind wie folgt rekursiv gegeben. Für $i = 0$ seien $\lambda^0 := \lambda$ und $\mu^0 := \mu$ die Variablen der direkten Methode aus dem vorigen Abschnitt. Die erweiterte Hamilton–Funktion $\tilde{H}$ der direkten Methode entspricht also der Hamilton–Funktion aus (3.44) für $i = 0$. Der Multiplikator μ^i ergibt sich durch Integration des Multiplikators μ^{i-1} für $i = 1, \ldots, p$. Außerhalb des Randstücks, d.h. für $t \notin (t_1, t_2)$, gilt wegen der Komplementaritätsbedingung 3.40 $\mu^0(t) = \mu(t) = 0$. Dies überträgt sich auf μ^i, d.h. es gilt

$$\mu^i(t) = 0, \quad t \notin (t_1, t_2), \quad i = 1, \ldots, p. \qquad (3.45)$$

Auf dem Randstück erhält man μ^i durch i–fache Integration von $\mu^0 = \mu = \dot{\eta}$ unter Berücksichtigung des Sprungparameters $\nu(t_2) = \eta(t_2^+) - \eta(t_2^-)$ folgendermaßen:

$$\mu^1(t) = \nu(t_2) + \int_t^{t_2} \mu^0(\tau) d\tau = \eta(t_2^+) - \eta(t) \text{ für } t \in (t_1, t_2), \qquad (3.46)$$

$$\mu^i(t) = \int_t^{t_2} \mu^{i-1}(\tau) d\tau, \text{ für } t \in (t_1, t_2), \; i = 2, \ldots, p. \qquad (3.47)$$

Des Weiteren definiert man für jedes $i \in \{1, \ldots, p\}$ einen Sprungparameter ν_1^i für das Randstück gemäß

$$\nu_1^1 = \eta(t_2^+) - \eta(t_1^-) \quad \text{und} \quad \nu_1^i = \mu^i(t_1^+), \; i = 2, \ldots, p, \qquad (3.48)$$

40 Kapitel 3: Theorie optimaler Steuerprozesse mit reinen Zustandsbeschränkungen

sowie einen Sprungparameter ν_2^i für den Kontaktpunkt t_3 durch $\nu_2^i = \nu(t_3)$, $i = 1, \ldots, p$. Mit diesen Bezeichnungen stellen sich die adjungierten Funktionen λ^i für $i = 1, \ldots, p$ dar als

$$\lambda^i(t) = \lambda^0(t) - \sum_{j=1}^{i} \mu^j(t)(S^{j-1})_x(x(t)), \quad t \in [0, T]. \tag{3.49}$$

Da die Funktion μ^i für $i = 2, \ldots, p$ nach (3.47) stetig im Austrittspunkt t_2 ist, folgt aus (3.49)

$$\begin{aligned}\lambda^i(t_2^+) - \lambda^i(t_2^-) &= \lambda(t_2^+) - \lambda(t_2^-) + \sum_{j=1}^{i}(\mu^j(t_2^-) - \mu^j(t_2^+))(S^{j-1})_x(x(t_2)) \\ &= \lambda(t_2^+) - \lambda(t_2^-) + (\mu^1(t_2^-) - \mu^1(t_2^+))S_x(x(t_2)).\end{aligned}$$

Einsetzen der Sprungbedingung $\lambda(t_2^+) - \lambda(t_2^-) = -\nu(t_2)S_x(x(t_2))$ liefert unter Berücksichtigung von $\mu^1(t_2^+) = 0$ und Gleichung (3.46) die Stetigkeit von λ^i im Austrittspunkt t_2. Die adjungierte Funktion kann bei der indirekten Methode also nur im Eintrittspunkt eines Randstücks unstetig sein. Man beachte, dass man auch umgekehrt aus (3.45) – (3.49) mit hinreichend oft stückweise differenzierbaren Funktionen λ^i, μ^i und Parametern ν_1^i, ν_2^i durch Differentiation λ^0 und μ^0 erhält. Für $t \in [t_1, t_2]$ gilt

$$\begin{aligned}\tilde{H}^i[t] &= f_0[t] + (\lambda(t) - \sum_{j=1}^{i} \mu^j(t)(S^{j-1})_x[t]) \cdot f[t] + \mu^i(t)S^i[t] \\ &= f_0[t] + \lambda(t)f[t] - \sum_{j=1}^{i} \mu^j(t)\underbrace{(S^{j-1})_x[t]f[t]}_{=S^j[t]=0} + \underbrace{\mu^i(t)S^i[t]}_{=0} = H[t].\end{aligned}$$

Für $t \neq [t_1, t_2]$ gilt $\mu^j(t) = 0$, $j = 1, \ldots, p$. Daraus folgt, dass die Werte der Hamilton–Funktionen $\tilde{H}^i$ und H entlang der optimalen Lösung (x^*, u^*) übereinstimmen.

Man kann nun unter der Voraussetzung der Regularitätsbedingung 3.6 für die Hamilton–Funktion H^i ein Minimumprinzip der Gestalt 3.17 mit adjungierter Funktion λ^i und Multiplikator–Funktion μ^i formulieren, siehe [MAURER 1979b]. Für die Multiplikator–Funktion μ^i erhält man ähnlich zur Formel (3.32) die Darstellung

$$\mu^i(t) = \frac{(-1)^{p+1-i}\lambda^i(t)\varphi_{p-i}(t)}{(S^p)_u[t]}, \tag{3.50}$$

wobei φ_{p-i} rekursiv wie in Satz 3.14 definiert ist.
In praktischen Anwendungen zur Lösung von optimalen Steuerprozessen – wie auch in den in Kapitel 6 diskutierten Steuerprozessen – wird meist auf den Ansatz des direct adjoining zurückgegriffen.

3.4. Existenz einer optimalen Lösung

Der Vollständigkeit halber soll an dieser Stelle ein Existenztheorem für eine optimale Lösung des Steuerprozesses (ZP) angegeben werden.

Satz 3.19 (Existenz einer optimalen Lösung). *Gegeben sei ein optimaler Steuerprozess (ZP). Es existiere ein zulässiges Funktionenpaar (x,u) und folgende Bedingungen seien erfüllt:*

(a) Roxins Bedingung: Die Menge

$$N(x) = \{(F(x,u) + \gamma, f(x,u)) \,|\, \gamma \geq 0,\, u \in U\} \subset \mathbb{R}^{n+1}$$

sei für alle $x \in \mathbb{R}^n$ konvex.

(b) Der Steuerbereich $U \subset \mathbb{R}^m$ sei beschränkt.

(c) Es gebe ein $\delta > 0$, so dass $\|x(t)\| < \delta$ für alle zulässigen Paare (x,u) gelte, d.h. der Wertebereich aller Zustandstrajektorien $x(t)$ sei beschränkt.

Dann gibt es eine optimale Lösung $(x^*, u^*) \in \mathbb{W}^{1,\infty}([0,T], \mathbb{R}^n) \times L^\infty([0,T], \mathbb{R}^m)$.

Dieses Resultat wird in [CESARI 1983] bewiesen.

3.5. Hinreichende Optimalitätsbedingungen

In Abschnitt 3.2 wurden notwendigen Optimalitätsbedingungen für eine Lösung des Problems (ZP) vorgestellt. Mit Hilfe dieser Bedingungen ist es möglich, Kandidaten für eine optimale Lösung zu bestimmen. Zur Verifizierung der Optimalität ist die Überprüfung von hinreichenden Optimalitätsbedingungen erforderlich. Außerdem bilden hinreichende Optimalitätsbedingungen die Grundlage für die Sensitivitätsanalyse und die Echtzeitsteuerung optimaler Steuerprozesse, da sie den Nachweis der sogenannten Lösungsdifferenzierbarkeit ermöglichen. Analog zu den Überlegungen in Abschnitt 2.3 lassen sich die notwendigen Optimalitätsbedingungen des Pontryaginschen Minimumprinzips bei Problemen mit reinen Zustandsbeschränkungen unter zusätzlichen Konvexitätsannahmen zu hinreichenden Kriterien verstärken. Zur Formulierung dieser Bedingungen benutzt man erneut die minimierte Hamilton–Funktion, vgl. Definition 2.16. Neben der Konvexität dieser Funktion muss im zustandsbeschränkten Fall außerdem die Beschränkung S selbst konvex sein, um Optimalität auf Basis des Minimumprinzips 3.17 garantieren zu können. Dieser Ansatz wird in dem folgenden Resultat dargestellt, vgl. [SEIERSTAD 1977], [FEICHTINGER 1986] und [HARTL 1995], Kap. 8.

Satz 3.20 (Hinreichende Optimalitätsbedingungen für (ZP)).
Sei (x, u) ein zulässiges Funktionenpaar für das zustandsbeschränkte Steuerungsproblem (ZP). Es gebe Funktionen $\lambda : [0, T] \to \mathbb{R}^n$, $\mu : [0, T] \to \mathbb{R}^k$ und Multiplikatoren $\nu(t_i) \in \mathbb{R}^k$, $\rho \in \mathbb{R}^r$, so dass die notwendigen Bedingungen aus dem Minimumprinzip 3.17 erfüllt sind mit $\lambda_0 = 1$. Zusätzlich seien

(i) $g(x)$ konvex,

(ii) $\psi(x)$ affin–linear,

(iii) $S(x)$ konvex und

(iv) $H^0(x, \lambda(t))$ konvex bezüglich x für alle $t \in [0, T]$.

Dann ist (x, u) eine optimale Lösung von (ZP).

In den Arbeiten von [PICKENHAIN 1991], [ZEIDAN 1994], [MAURER 1995] und [MALANOWSKI 2001] werden hinreichende Optimalitätsbedingungen zweiter Ordnung (SSC) für optimale Steuerprozesse mit reinen Zustandsbeschränkungen oder auch mit gemischten Steuer–Zustandsbeschränkungen diskutiert. Diese Bedingungen führen auf eine gewisse quadratische Form der zweiten Variation, deren Positiv–Definitheit auf einem Kegel, welcher aus Variationen erster Ordnung für eine gegebene Trajektorie besteht, gezeigt werden muss. Falls die strenge Legendre–Clebsch–Bedingung erfüllt ist, reicht es zu zeigen, dass eine assoziierte Riccati–Matrix–Differentialgleichung eine beschränkte Lösung entlang einer Extremalen besitzt, vgl. auch [MAURER 2004].

Andere hinreichende Optimaliätsbedingungen, die keine Konvexitätsannahmen als Voraussetzung haben, sind durch die direkten Bedingungen von *Leitmann–Stalford* gegeben, siehe [LEITMANN 1971b]. Einen Übersichtsartikel über hinreichende Bedingungen dieses Typs liefert [PETERSON 1978].

3.6. Existenz und Eigenschaften von Verbindungspunkten: Junction Theoreme

Dieser Abschnitt handelt von Verbindungspunkten eines zustandsbeschränkten Steuerprozesses. Es geht um die Fragestellung, inwieweit es möglich ist, anhand charakteristischer Größen wie der Ordnung p einer Zustandsbeschränkung Voraussagen über das mögliche Auftreten von Verbindungspunkten zu machen. Insbesondere sollen Zusammenhänge zwischen der Ordnung p, der Stetigkeit der Steuerung u und ggf. derer Ableitungen $u^{(j)}$ in einem Verbindungspunkt, der Sprungbedingung für die

3.6: Junction Theoreme

Adjungierte λ gemäß (3.41) sowie dem Typ des betrachteten Punktes t_1 (Eintritts–, Austritts– oder Kontaktpunkt) erläutert werden.
Für beliebige $m \in \mathbb{N}$ und $k \in \mathbb{N}$ gibt es noch keine zufriedenstellenden Aussagen. In diesem Abschnitt sei $m = 1$, $k = 1$, d.h., der Steuerbereich sei gegeben durch $U = [u_{\min}, u_{\max}]$ und die skalare Zustandsbeschränkung $S : \mathbb{R}^n \to \mathbb{R}$.
Mit Kenntnis der folgenden Resultate lassen sich qualitative Aussagen über die Struktur einer optimalen Lösung machen. Man erhält dadurch ein Hilfsmittel, um die Güte eines auf Basis von notwendigen Optimalitätsbedingungen numerisch berechneten Kandidaten für eine optimale Lösung zu beurteilen. Unter Umständen lässt sich auf diese Weise eine potentielle Lösung als optimale Lösung ausschließen. Desweiteren können diese Informationen bei der Implementierung von numerischen Lösungsalgorithmen wichtig sein, beispielsweise bei der Aufstellung eines Mehrpunkt–Randwertproblems und der Lösung desselben mit dem Schießverfahren, vgl. Kapitel 5.
Aufgrund der unterschiedlichen Ansätze zur Behandlung des entsprechenden optimalen Steuerprozesses ist es sinnvoll, die Analyse des Auftretens von Verbindungspunkten separat für Prozesse mit linear auftretender Steuerung und für solche mit regulärer Hamilton–Funktion durchzuführen.

3.6.1. Linear auftretende Steuerung

Bei Untersuchungen von zustandsbeschränkten Steuerungsproblemen mit linear auftretender Steuerung spielt die Schaltfunktion $\sigma(t) = H_u[t]$ eine zentrale Rolle. Dies ist auf die im Folgenden dargestellte formale Parallele zwischen Randsteuerungen und singulären Steuerungen zurückzuführen.
Sei daher ein Randstück $[t_1, t_2]$ mit $S(x(t)) = 0$ gegeben. Man kann zeigen, dass durch die Linearität von f bzgl. u auch S^p (affin–)linear von u abhängt, d.h., S^p hat die Gestalt

$$S^p(x, u) = \alpha(x) + \beta(x)u. \tag{3.51}$$

Die Regularitätsbedingung 3.6 fordert

$$\frac{\partial S^p}{\partial u}(x(t), u(t)) = \beta(x(t)) \neq 0, \quad t \in [t_1, t_2].$$

Damit gewinnt man aus (3.51) und der Gleichung $S^p(x, u) = 0$ die feedback–Steuerung

$$u(x(t)) = -\frac{\alpha(x(t))}{\beta(x(t))}, \quad t \in [t_1, t_2]. \tag{3.52}$$

44 Kapitel 3: Theorie optimaler Steuerprozesse mit reinen Zustandsbeschränkungen

Weiter erhält man unter der Voraussetzung, dass auf einem Randstück die Bedingung $u(t) \in \text{int } U$, $t \in (t_1, t_2)$, erfüllt ist, die Gleichung

$$0 = H_u[t] = \sigma(t) \text{ für } t \in (t_1, t_2).$$

Somit verhält sich die Randsteuerung im linearen Fall formal wie eine singuläre Steuerung. Die Herleitung notwendiger Optimalitätsbedingungen von Verbindungspunkten zwischen Ein– und Austrittspunkten eines Randstücks verlaufen daher auch ähnlich zu den Aussagen über Junction Theoreme zwischen singulären und nicht–singulären Teilstücken, vgl. [MCDANELL 1971] und [MAURER 1977].

Voraussetzung 3.21. *Für diesen Abschnitt seien folgende Voraussetzungen erfüllt.*

1. *Die Steuerfunktion u und die Zustandsbeschränkung S seien skalar, d.h., es gelte $m = k = 1$.*

2. *Auf einem Randstück $[t_1, t_2]$ mit $S(x(t)) = 0$ gelte $u(t) \in \text{int}(U)$ für $t \in (t_1, t_2)$.*

3. *Wegen (2.) gilt $H_u[t] = 0$. Die Randsteuerung ist somit formal eine singuläre Steuerung. Für diese gelte die strenge verallgemeinerte Legendre–Clebsch–Bedingung*

$$(-1)^q \cdot \frac{\partial}{\partial u} \sigma^{(2q)}(t) > 0, \quad t \in [t_1, t_2], \tag{3.53}$$

wobei q die Ordnung der singulären Steuerung bezeichne.

4. *Es gelte $p \leq 2q$ (p Ordnung der Zustandsbeschränkung, q Ordnung der singulären Steuerung). Dies ist beispielsweise für $p \leq 2$ immer erfüllt.*

5. *Die Steuerung u sei stückweise analytisch.*

Für die Schaltfunktion σ auf einem Intervall $(t_1 - \varepsilon, t_1)$, welches einem Randstück $[t_1, t_2]$ vorausgeht, gibt es zwei Möglichkeiten: Entweder es gilt $\sigma(t) \neq 0$ für fast alle $t \in (t_1 - \varepsilon, t_1)$, d.h. die optimale Steuerung ist bang–bang, oder es ist $\sigma(t) = 0$ für $t \in (t_1 - \varepsilon, t_1)$, d.h. man hat ein singuläres Teilstück. Bei der optimalen Steuerung des in Kapitel 6 diskutierten Servomotors tritt nur der erstgenannte Fall auf. Daher wird an dieser Stelle nur auf diese Alternative eingegangen. Die folgende Aussage gilt analog für den Austrittspunkt t_2.

Satz 3.22. *Die Voraussetzungen 3.21 seien erfüllt. Für einen Punkt $t_1 \in (0, T)$ gelte $S(t_1) = 0$ und die optimale Steuerung u sei bang–bang auf einem Intervall $(t_1-\varepsilon, t_1)$, $\varepsilon > 0$, und unstetig in t_1. Die Ordnung p der Zustandsbeschränkung S sei ungerade. Falls λ dann im Punkt t_1 unstetig ist, kann t_1 nur ein Kontaktpunkt sein.*

3.6: Junction Theoreme

Als Umkehrschluss zu dieser Aussage lässt sich festhalten, dass λ stetig im Punkt t_1 sein muss, falls die Voraussetzungen von Satz 3.22 erfüllt sind und t_1 Eintrittspunkt in ein Randstück $[t_1, t_2]$ ist.

Bemerkung 3.23.

- *Die Aussage von Satz 3.22 lässt sich für Zustandsbeschränkungen S von ungerader Ordnung $p \geq 3$ insofern erweitern, als dass der Kontaktpunkt t_1 in diesem Fall wegen $S^1(x(t_1)) = 0$ ein Berührpunkt ist.*

- *Für eine gerade Ordnung $p \geq 2$ können sowohl Berührpunkte als auch Randstücke auftreten.*

3.6.2. Reguläre Hamilton–Funktion

Wenn die Steuervariable u nichtlinear in das System eingeht, ist die Hamilton–Funktion meist regulär. In diesem Fall genügt die optimale Steuerung gewissen Stetigkeits– und Differenzierbarkeitsbedingungen in einem Verbindungspunkt t_1. Diese kann man sich bei numerischen Lösungsverfahren wie dem multiple shooting– Verfahren zunutze machen, vgl. Kapitel 5. Ist die einfache Regularität der Hamilton–Funktion gegeben, so gilt zunächst folgende grundlegende Stetigkeitsaussage.

Satz 3.24. *Die dem Steuerprozess (ZP) zugeordnete Hamilton–Funktion H sei regulär. Dann ist die optimale Steuerung u^* stetig in allen Verbindungspunkten $t_1 \in [0, T]$.*

Der Beweis erfolgt unter Ausnutzung der Minimumbedingung 3.11 und der Regularität, vgl. [FEICHTINGER 1986]. Zusammen mit Lemma 2.26 erhält man die Stetigkeit von u^* in *allen* Punkten $t \in [0, T]$.
Gemäß der Sprungbedingung (3.41) aus dem erweiterten Pontryaginschen Minimumprinzip kann die adjungierte Funktion λ in einem Verbindungspunkt t_1 der Zustandsbeschränkung unstetig sein. Für Zustandsbeschränkungen erster Ordnung lassen sich jedoch Unstetigkeiten unter Voraussetzung der Regularitätsbedingung ausschließen, wie folgender Satz zeigt.

Satz 3.25. *Die Hamilton–Funktion H sei regulär und die Zustandsbeschränkung sei von der Ordnung $p = 1$. Es gelte die Regularitätsbedingung 3.6. Dann ist $\nu(t_1) = 0$ für jeden Verbindungspunkt $t_1 \in (0, T)$, d.h. die adjungierte Funktion λ ist stetig in t_1.*

Ein Beweis dieser Aussage ist in [FEICHTINGER 1986] zu finden.

46 Kapitel 3: Theorie optimaler Steuerprozesse mit reinen Zustandsbeschränkungen

Bemerkung 3.26. *Die Stetigkeit der adjungierten Variablen in einem Verbindungspunkt t_1 lässt sich auch folgern, falls die Trajektorie nicht–tangential in die Zustandsbeschränkung eingeht bzw. aus der Zustandsbeschränkung austritt.*

Ferner kann man zeigen, dass bei Zustandsbeschränkungen erster Ordnung im Normalfall keine Kontaktpunkte auftreten. Wird eine solche Zustandsbeschränkung aktiv, so bildet sich direkt ein Randstück $[t_1, t_2]$. Ausgenommen sind Sonderfälle, bei denen die Zustandsbeschränkung den Verlauf der optimalen Steuerbeschränkung im Vergleich zum unbeschränkten Problem nicht verändert und nur in einem Punkt aktiv ist.

Sei nun die Hamilton–Funktion $\mathcal{C}^p$–regulär. Als analoge Aussage zu Satz 3.24 kann man für Zustandsbeschränkungen der Ordnung $p \geq 2$ folgenden Satz auffassen.

Satz 3.27. *Die Hamilton–Funktion H sei $\mathcal{C}^p$–regulär und die Zustandsbeschränkung $S(x(t)) \leq 0$ sei von mindestens zweiter Ordnung. Außerdem sei die Steuerung u stückweise aus der Klasse $\mathcal{C}^p$ in einer Umgebung eines Verbindungspunktes t_1. Dann sind die ersten $p-2$ Ableitungen $u^{(k)}, k = 0, \ldots, p-2$, stetig in t_1.*

In [JACOBSON 1971] werden neben den notwendigen Optimalitätsbedingungen für (ZP) auch einige Folgerungen derselben bzgl. der Eigenschaften von Verbindungspunkten diskutiert. Ein wesentliches Resultat ist die folgende Aussage

Satz 3.28. *Gegeben sei ein optimaler Steuerprozess (ZP) mit einer reinen Zustandsbeschränkung der Ordnung $p \in \mathbb{N}$. Die Hamilton–Funktion sei $\mathcal{C}^{p+1}$–regulär und der Punkt $t_1 \in (0, T)$ sei Eintrittspunkt in ein Randstück $[t_1, t_2]$. Dann gilt*

$$(-1)^p \frac{H_{uu}[t_1^-]\,(u^{(p-1)}(t_1^-) - u^{(p-1)}(t_1^+))^2}{\dfrac{d^{2p-1}}{dt^{2p-1}}S(x(t_1^-))} \geq 0.$$

Hierbei sei $t_1^- := \lim_{t \nearrow t_1} t$ der linksseitige und $t_1^+ := \lim_{t \searrow t_1} t$ der rechtsseitige Grenzwert im Punkte t_1. Für den Austrittspunkt t_2 gilt obige Ungleichung unter Vertauschung von links– und rechtseitigem Grenzwert. Einen Beweis findet man in [JACOBSON 1971]. Unter der Annahme, dass $u^{(p-1)}$ unstetig in t_1 ist, lässt sich aus dieser Ungleichung eine interessante Folgerung formulieren.

Folgerung 3.29. *Gegeben sei ein optimaler Steuerprozess (ZP) mit einer reinen Zustandsbeschränkung der Ordnung $p \geq 3$, p ungerade, und $\mathcal{C}^{p+1}$–regulärer Hamilton–Funktion. Die Zustandsbeschränkung S sei hinreichend oft differenzierbar und $u^{(p-1)}$ sei unstetig in einem Punkt $t_1 \in [0, T]$. Dann kann t_1 kein Verbindungspunkt zwischen einem inneren Teilstück und einem Randstück sein.*

3.6: Junction Theoreme

Ein akademisches Beispiel eines Steuerprozesses mit einer Zustandsbeschränkung dritter Ordnung, deren optimale Steuerung nur Kontaktpunkte aufweist und diese Aussage bestätigt, findet man in [JACOBSON 1971].
Die Vermutung, dass in diesem Fall keine Randstücke sondern ausschließlich Kontaktpunkte auftreten können, ist falsch. Eine optimale Zustandstrajektorie kann eine Folge von Kontaktpunkten aufweisen, welche gegen den Anfangspunkt eines Randstücks konvergiert. Der Grenzwert dieser Folge ist somit kein Eintrittspunkt eines Randstücks im Sinne von Definition 3.3. In [ROBBINS 1980] wird ein solches Phänomen untersucht und am Beispiel des zustandsbeschränkten Steuerungsproblems

$$\text{Min.} \int_0^\infty x(t) + \frac{1}{2}u(t)^2 dt, \text{ unter } \frac{d^3x}{dt^3} = u, \ S(x) = -x \leq 0, \quad (3.54)$$

mit gegebenen Anfangswerten $x(0) = x_0$, $\dot{x}(0) = y_0$, $\ddot{x}(0) = z_0$ diskutiert. Diese Zustandsbeschränkung ist von dritter Ordnung und man kann beweisen, dass es ein $\bar{t} > 0$ gibt, so dass für die optimale Zustandstrajektorie gilt $x(t) = 0$ für $t \geq \bar{t}$. Der Punkt $\bar{t}$ ist somit ein Anfangspunkt eines Randstücks, jedoch kein Eintrittspunkt im Sinne von Definition 3.3, da es kein Intervall $(\bar{t} - \varepsilon, \bar{t})$, $\varepsilon > 0$ mit $S(x(t)) < 0$ gibt. Eine formale Herleitung dieses Verhaltens ist jedoch nur in Ausnahmefällen möglich. Bei dem in Kapitel 6 diskutierten Voice Coil–Motor treten unter anderem Zustandsbeschränkungen dritter Ordnung mit einer regulären Hamilton–Funktion auf. Auch hier ergeben die Berechnungen, dass unter bestimmten Voraussetzungen Randstücke auftreten. Die numerischen Ergebnisse deuten auf ein ähnliches Verhalten wie bei dem von Robbins beschriebenem Phänomen hin.

4. Optimale Multiprozesse mit reinen Zustandsbeschränkungen

Ein allgemeiner Multiprozess ist ein dynamisches Optimierungsproblem, welches aus einer Anzahl von Einzelprozessen mit indiviuellen Dynamiken und Zielfunktionalen besteht, die durch Bedingungen an den Zustand in den Anfangs- und Endzeitpunkten miteinander verknüpft werden. Insofern lässt sich ein Multiprozess als Verallgemeinerung eines Steuerprozesses (ZP) auffassen. Die Motivation für den hier behandelten Problemtyp stammt aus Anwendungsfällen für Steuerprozesse, bei denen das Systemverhalten in endlichen vielen Zeitpunkten zwischen verschiedenen gegebenen Dynamiken wechselt. Diese *Schaltpunkte* sind im Allgemeinen unbekannt und werden bei der Optimierung berücksichtigt. Typische Anwendungsgebiete optimaler Multiprozesse stammen aus der Luft- und Raumfahrt ([HAGUE 1965], [CHUDEJ 1994,1996]), der Finanz- und Investmentbranche ([TOMIYAMA 1985], [CLARKE 1989b]) und der Robotik ([CLARKE 1989b]).

Optimale Multiprozesse ohne reine Zustandsbeschränkungen wurden erstmals in [GUTENBAUM 1977, 1979] und [TOMIYAMA 1985] systematisch diskutiert. Etwas später folgten weitere umfassende Arbeiten zu diesem Thema von [CLARKE 1989a, 1989b]. In diesen Beiträgen werden notwendige Optimalitätsbedingungen für Multiprozesse in einem sehr allgemeinen Rahmen mit Techniken der nicht-differenzierbaren Analysis behandelt. Hinreichende Optimalitätsbedingungen zweiter Ordnung, die auf der Positiv-Definitheit einer zugeordneten quadratischen Form basieren, findet man in [AUGUSTIN 2000].

In diesem Kapitel werden zunächst die verschiedenen Komponenten eines optimalen Multiprozesses mit Zustandsbeschränkungen vorgestellt. Anschließend wird gezeigt, dass sich ein optimaler Multiprozess auf einen äquivalenten Steuerprozess vom Typ (ZP) transformieren lässt. Mit Hilfe dieses Vorgehens werden dann notwendige Optimalitätsbedingungen in Gestalt eines erweiterten Pontryaginschen Minimumprinzips für allgemeine Multiprozesse mit Zustandsbeschränkungen hergeleitet. Anschließend werden einige häufig auftretende Sonderfälle diskutiert. In Kapitel 6 wird die vorgestellte Theorie im Detail auf praxisrelevante Modelle angewandt.

4.1. Problemformulierung

Man betrachte ein Zeitintervall $[0,T]$ mit freier Endzeit T und gliedert dieses Intervall in eine gegebene Anzahl von N Teilintervallen $[t_{j-1}, t_j]$ gemäß der Unterteilung

$$0 = t_0 < t_1 < \cdots < t_{j-1} < t_j < \cdots < t_{N-1} < t_N = T. \tag{4.1}$$

Die Intervalllängen bezeichne man mit $\xi^{(j)} := t_j - t_{j-1}$, $j = 1, \ldots, N$, vgl. Abb. 4.1. Da die Zeitpunkte t_j meist die Unstetigkeitsstellen der Dynamik oder des Zielfunk-

Abb. 4.1.: Unterteilung $t_0 < t_1, \cdots < t_N$ des Intervalls $[0,T]$

tionals und a priori nicht bekannt sind, werden sie als zusätzliche Optimierungsvariablen aufgefasst. Im Folgenden werden diese N Variablen stets zu einem Vektor $z = (t_1, \ldots, t_N)^T \in \mathbb{R}^N$ zusammengefasst. Für jedes Teilintervall $[t_{j-1}, t_j]$ werden eine individuelle Dynamik

$$\dot{x}(t) = f^{(j)}(x(t), u(t)), \quad t \in [t_{j-1}, t_j], \quad j = 1, \ldots, N, \tag{4.2}$$

sowie ein zu minimierendes Zielfunktional

$$F^{(j)}(x, z, u) = g^{(j)}(x(t_j)) + \int_{t_{j-1}}^{t_j} f_0^{(j)}(x(t), u(t))dt, \quad j = 1, \ldots, N,$$

definiert mit hinreichend glatten Funktionen $f^{(j)} : \mathbb{R}^n \times \mathbb{R}^m \to \mathbb{R}^n$, $g^{(j)} : \mathbb{R}^n \to \mathbb{R}$ und $f_0^{(j)} : \mathbb{R}^n \times \mathbb{R}^m \to \mathbb{R}$. Hierbei liegt wieder ohne Einschränkung der autonome Fall vor. In den Schaltpunkten t_j ist die Ableitung $\dot{x}(t_j)$ links- bzw. rechtsseitig zu verstehen.

Definition 4.1. (Lösung der Differentialgleichung (4.2))
Ein Tripel $(x, z, u) \in \mathbb{W}^{1,\infty}([0,T], \mathbb{R}^n) \times \mathbb{R}^N \times L^{\infty}([0,T], \mathbb{R}^m)$ heißt *Lösung der Differentialgleichung (4.2)*, falls für den Vektor $z = (t_1, \ldots, t_N)$ gilt $0 < t_1 < t_2 < \cdots < t_N$ und für $j = 1, \ldots, N$, die Gleichung $\dot{x} = f^{(j)}(x, u)$ für fast alle $t \in [t_{j-1}, t_j]$ erfüllt ist.

Der Zustand x genüge abschnittsweise einer reinen Zustandsbeschränkung

$$S^{(j)}(x(t)) \leq 0, \quad t \in [t_{j-1}, t_j], \quad j = 1, \ldots, N, \tag{4.3}$$

4.1: Problemformulierung

mit hinreichend glatten Funktionen $S^{(j)} : \mathbb{R}^n \to \mathbb{R}^{k_j}$. Für die Steuerung u wird die übliche Steuerbeschränkung

$$u(t) \in U \subset R^m \text{ für fast alle } t \in [0, T], \quad (4.4)$$

mit einem konvexen Steuerbereich U eingeführt. Auf eine allgemeinere Steuerbeschränkung der Form

$$u(t) \in U^{(j)} \subset \mathbb{R}^m \text{ für fast alle } t \in [t_{j-1}, t_j], \ j = 1, \ldots, N,$$

wird hier mangels praxisrelevanter Modelle verzichtet. Des Weiteren stellt man in der Regel an den Zustand Innere–Punkte–Bedingungen der Gestalt

$$\psi(x(0), x(t_1^-), x(t_1^+), \ldots, x(t_j^-), x(t_j^+), \ldots, x(t_N)) = 0.$$

Dies erlaubt Unstetigkeiten des Zustandes x in den Schaltpunkten t_j. Bei dem Anwendungsmodell des Roboterarms in Kapitel 6.1 muss beispielsweise aufgrund des Impulserhaltungssatzes eine unstetige Zustandskomponente zugelassen werden. Typischerweise lässt sich die Funktion ψ bezüglich der Schaltpunkte t_j separieren und man kann die Innere–Punkte–Bedingungen folgendermaßen beschreiben

$$\begin{aligned} \varphi^{(0)}(x(t_0)) &= 0, \\ \varphi^{(j)}(x(t_j^+), x(t_j^-)) &= 0, \quad j = 1, \ldots, N-1, \\ \varphi^{(N)}(x(t_N)) &= 0, \end{aligned} \quad (4.5)$$

mit $\varphi^{(0)} : \mathbb{R}^n \to \mathbb{R}^{s_0}$, $\varphi^{(j)} : \mathbb{R}^n \times \mathbb{R}^n \to \mathbb{R}^{s_j}$, $j = 1, \ldots, N-1$, $\varphi^{(N)} : \mathbb{R}^n \to \mathbb{R}^{s_N}$. In Abschnitt 4.3 werden notwendige Optimalitätsbedingungen zunächst für Multiprozesse mit Bedingungen des Typs (4.5) hergeleitet. Anschließend werden einige Folgerungen für den häufig auftretenden Spezialfall diskutiert, bei welchem diese Bedingungen die Stetigkeit des Zustandes x in den Schaltpunkten t_j sicherstellen und zusätzlich die Werte einiger Komponenten x_i an ausgewählten Zeitpunkten t_j vorschreiben, d.h.,

$$\varphi^{(j)}(x(t_j^+), x(t_j^-)) = \begin{pmatrix} x(t_j^+) - x(t_j^-) \\ \left(x_i(t_j) - a_i^{(j)} \right)_{i \in I_j} \end{pmatrix} \text{ für } j = 1, \ldots, N-1, \quad (4.6)$$

mit Indexmengen $I_j \subset \{1, \ldots, n\}$ und $a_i^{(j)} \in \mathbb{R}$. Zwecks einfacherer Notation läuft hierbei der Index für die Komponenten des Vektors $a^{(j)} \in \mathbb{R}^{s_j}$, $s_j = |I_j|$, nicht von 1 bis s_j, sondern von i_1 bis i_{s_j}, $i_k \in I_j$, $k = 1, \ldots, s_j$.

Definition 4.2. (Zulässige Lösung eines Multiprozesses)
Eine Tripel $(x, z, u) \in \mathbb{W}^{1,\infty}([0,T], \mathbb{R}^n) \times \mathbb{R}^N \times L^\infty([0,T], \mathbb{R}^m)$ heißt *zulässige Lösung*, wenn es die Bedingungen (4.2), (4.3), (4.4) und (4.5) erfüllt.

Für die folgende Definition sei vorausgesetzt, dass sämtliche Zielfunktionale $F^{(j)}$ in Lagrange–Form gegeben sind ($g^{(j)} = 0$, $j = 1, \ldots, N$).

Definition 4.3 (Optimaler Multiprozess). Ein Optimierungsproblem der Form

(MP)

$$\text{Minimiere} \quad F(x,z,u) := \sum_{j=1}^N F^{(j)}(x,z,u) = \sum_{j=1}^N \int_{t_{j-1}}^{t_j} f_0^{(j)}(x(t), u(t)) dt$$

$$\text{mit } (x,z,u) \in \mathbb{W}^{1,\infty}([0,T], \mathbb{R}^n) \times \mathbb{R}^N \times L^\infty([0,T], \mathbb{R}^m)$$

unter $\dot{x} = f^{(j)}(x,u)$ für fast alle $t \in [t_{j-1}, t_j]$, $j = 1, \ldots, N$,

$\varphi^{(0)}(x(t_0)) = 0, \quad \varphi^{(N)}(x(t_N)) = 0,$

$\varphi^{(j)}(x(t_j^+), x(t_j^-)) = 0, \; j = 1, \ldots, N-1,$

$u(t) \in U \subset \mathbb{R}^m$ für fast alle $t \in [0,T]$,

$S^{(j)}(x(t)) \leq 0$ für fast alle $t \in [t_{j-1}, t_j]$, $j = 1, \ldots, N$,

nennt man einen *optimalen Multiprozess* mit reinen Zustandsbeschränkungen.

Der Begriff der Optimalität einer Steuerung u wird wie folgt angepasst.

Definition 4.4 (Optimale Lösung von (MP)).
Sei $u^* \in L^\infty([0,T], \mathbb{R}^m)$ eine zulässige Steuerung mit korrespondierender Zustandstrajektorie $x^* \in \mathbb{W}^{1,\infty}([0,T], \mathbb{R}^n)$ und Zeitvektor $z^* = (t_1^*, \ldots, t_N^*)^T \in \mathbb{R}^N$. Man nennt u^* *global optimal*, falls für alle zulässigen Steuerungen u mit korrespondierendem Zustand x und Zeitvektor z gilt

$$F(x^*, z^*, u^*) \leq F(x, z, u).$$

Bei fester Endzeit T spricht man von einer *lokal optimalen* Lösung im Sinne der L^1-Norm, wenn es ein $\varepsilon > 0$ gibt, so dass für alle zulässigen Steuerungen $u \in L^\infty([0,T], \mathbb{R}^m)$ mit $\|u - u^*\|_1 + |x(0) - x^*(0)| + |z - z^*| < \varepsilon$ gilt

$$F(x^*, z^*, u^*) \leq F(x, z, u).$$

Bemerkung 4.5. *Im Falle einer freien Endzeit T kann man die lokale Optimalität nicht wie in Definition 4.4 erklären, da u und u^* auf unterschiedlichen Intervallen $[0,T]$ bzw. $[0,T^*]$ operieren und die Differenz $u - u^*$ daher nicht mittels der L^1-Norm abgeschätzt werden kann. Diese Problematik lässt sich prinzipiell folgendermaßen behandeln. Man definiert für eine beliebige Funktion $g : [t_{j-1}, t_j] \to \mathbb{R}^n$ die* Translation *auf das Intervall $[t_{j-1}^*, t_j^*]$ als Funktion*

$$\tilde{g}(t) := \begin{cases} g(t_{j-1}) & \text{für } t_{j-1}^* \leq t \leq t_{j-1}^{\max}, \\ g(t) & \text{für } t_{j-1}^{\max} \leq t \leq t_j^{\min}, \\ g(t_j) & \text{für } t_j^{\min} \leq t \leq t_j^*. \end{cases}$$

mit $t_{j-1}^{\max} := \max\{t_{j-1}^*, t_{j-1}\}$ und $t_j^{\min} := \min\{t_j^*, t_j\}$. Für $[t_{j-1}, t_j] \subset [t_{j-1}^*, t_j^*]$ ist $\tilde{g}$ die stetige, konstante Fortsetzung von g auf $[t_{j-1}^*, t_j^*]$. Man definiert eine ε–Umgebung des Tripels (x^*, z^*, u^*) als die Menge der Tripel $(x, z, u) \in \mathbb{W}^{1,\infty}([0,T], \mathbb{R}^n) \times \mathbb{R}^N \times L^\infty([0,T], \mathbb{R}^m)$, für die gilt:

1. $|t_j^* - t_j| < \varepsilon$, $j = 1, \ldots, N$.

2. Für die Translation $\tilde{u}^{(j)} : [t_{j-1}^*, t_j^*] \to \mathbb{R}^m$ von $u(t)|_{[t_{j-1}, t_j]}$ auf das Intervall $[t_{j-1}^*, t_j^*]$ gelte $\|u^*|_{[t_{j-1}^*, t_j^*]} - \tilde{u}^{(j)}\|_1 < \varepsilon$, $j = 1, \ldots, N$.

3. Für die Translation $\tilde{x}^{(j)} : [t_{j-1}^*, t_j^*] \to \mathbb{R}^n$ von $x(t)|_{[t_{j-1}, t_j]}$ auf das Intervall $[t_{j-1}^*, t_j^*]$ gelte $|(x^*|_{[t_{j-1}^*, t_j^*]} - \tilde{x}^{(j)})|_\infty < \varepsilon$, $j = 1, \ldots, N$.

Dann heißt (x^*, z^*, u^*) erweitertes lokales Minimum, falls es ein $\varepsilon > 0$ gibt, so dass für alle zulässigen Tripel (x, z, u) aus der ε–Umgebung von (x^*, z^*, u^*) gilt

$$F(x^*, z^*, u^*) \leq F(x, z, u).$$

Diese Idee wird ausführlicher in [KAGANOVICH 2010], Abschnitt 1, vorgestellt.

4.2. Transformation eines Multiprozesses auf einen gewöhnlichen Steuerprozess

Ein Multiprozess der Form (MP) lässt sich auf einen äquivalenten Steuerprozess (ZP) transformieren. Diese Transformation basiert auf einer Aufstockung des Zustands bzw. der Steuerung sowie einer Skalierung jedes der Teilintervalle $[t_{j-1}, t_j]$ auf das Einheitsintervall $[0, 1]$ gemäß

$$s = \frac{t - t_{j-1}}{\xi^{(j)}}, \quad \xi^{(j)} := t_j - t_{j-1}, \quad j = 1, \ldots, N. \tag{4.7}$$

Auf dem Einheitsintervall definiert man für $j = 1, \ldots, N$ die Zustände

$$x^{(j)}(s) := x(t_{j-1} + s\,\xi^{(j)}), \quad s \in [0, 1], \tag{4.8}$$

und die Steuerungen

$$u^{(j)}(s) := u(t_{j-1} + s\,\xi^{(j)}), \quad s \in [0, 1]. \tag{4.9}$$

Für diese skalierten Funktionen sowie die zu optimierenden Intervalllängen $\xi^{(j)}$ lässt sich unter Berücksichtigung von (4.7) die Dynamik (4.2) schreiben als

$$\dot{x}^{(j)}(s) = \frac{dx^{(j)}}{ds}(s) = \xi^{(j)}(s) \cdot f^{(j)}(x^{(j)}(s), u^{(j)}(s)), \tag{4.10}$$

$$\dot{\xi}^{(j)}(s) = \frac{d\xi^{(j)}}{ds}(s) = 0. \tag{4.11}$$

54   Kapitel 4: Optimale Multiprozesse mit reinen Zustandsbeschränkungen

Die Intervalllängen $\xi^{(j)}$ hängen natürlich nicht direkt von der Zeitvariablen s ab, was auch durch (4.11) zum Ausdruck kommt. Da sie aber als Komponenten des aufgestockten Zustandsvektors aufgefasst werden und daher im Zusammenhang mit dem Minimumprinzip formal als Zustandsvariablen auf dem Intervall $[0,1]$ (mit zugeordneten adjungierten Variablen $\lambda_\xi^{(j)}(s)$) zu interpretieren sind, vgl. Abschnitt 4.3, wird an einigen Stellen s als Argument von $\xi^{(j)}(s)$ explizit aufgeführt. Als $\xi^{(j)}$ ist dann formal der Wert der konstanten Funktion $\xi^{(j)}(s)$ anzusehen. Zur besseren Unterscheidung des aufgestockten Zustandes bzw. der Steuerung des Multiprozesses von dem auf $[0,T]$ definierten Zustand x bzw. der Steuerung u des ursprünglichen Problems wird als neue Zustandsvariable y und als neue Steuervariable v gewählt. Diese Abbildungen sind dann definiert auf dem Einheitsintervall. Der Zustand y enthält neben sämtlichen Zuständen $x^{(j)}$ aus (4.8) auch die freien Intervalllängen $\xi^{(j)}$, während v die Komponenten $u^{(j)}$ aus (4.9) umfasst, d.h.

$$y(s) := \begin{pmatrix} x^{(1)}(s) \\ \xi^{(1)}(s) \\ x^{(2)}(s) \\ \xi^{(2)}(s) \\ \vdots \\ x^{(N)}(s) \\ \xi^{(N)}(s) \end{pmatrix} \in \mathbb{R}^{n_y}, \quad v(s) := \begin{pmatrix} u^{(1)}(s) \\ u^{(2)}(s) \\ \vdots \\ u^{(N)}(s) \end{pmatrix} \in \mathbb{R}^{n_v}. \tag{4.12}$$

mit $n_y = N \cdot (n+1)$, $n_v = N \cdot m$, $s \in [0,1]$. Nach (4.10) und (4.11) genügen y und v der Differentialgleichung

$$\dot{y}(s) = f(y(s), v(s)), \quad s \in [0,1], \tag{4.13}$$

mit der rechten Seite $f : \mathbb{R}^{n_y} \times \mathbb{R}^{n_v} \to \mathbb{R}^{n_y}$,

$$f(y,v) := \begin{pmatrix} \xi^{(1)} \cdot f^{(1)}(x^{(1)}, u^{(1)}) \\ 0 \\ \cdots\cdots\cdots\cdots \\ \cdots \\ \xi^{(N)} \cdot f^{(N)}(x^{(N)}, u^{(N)}) \\ 0 \end{pmatrix}. \tag{4.14}$$

Der Steuerbereich $V \subset \mathbb{R}^{n_v}$ für die transformierte Steuervariable v stellt sich als N–faches Produkt des Steuerbereiches U dar, d.h.,

$$V := \prod_{j=1}^{N} U = U \times \cdots \times U. \tag{4.15}$$

4.2: Transformation eines Multiprozesses auf einen gewöhnlichen Steuerprozess 55

Die Konvexität von $U \subset \mathbb{R}^m$ überträgt sich auf $V \subset \mathbb{R}^{n_v}$. Die Innere–Punkte–Bedingungen (4.5) liefern folgende Randbedingungen:

$$\varphi^{(0)}\left(x^{(1)}(0)\right) = 0, \tag{4.16}$$
$$\varphi^{(j)}\left(x^{(j+1)}(0), x^{(j)}(1)\right) = 0, \quad j = 1, \ldots, N-1, \tag{4.17}$$
$$\varphi^{(N)}\left(x^{(N)}(1)\right) = 0. \tag{4.18}$$

Die Skizze 4.2 veranschaulicht die Zuordnung dieser Randbedingungen des aufgestockten Prozess zu den Zeitpunkten t_j des ursprünglichen Zeitintervalls $[t_0, t_N]$.

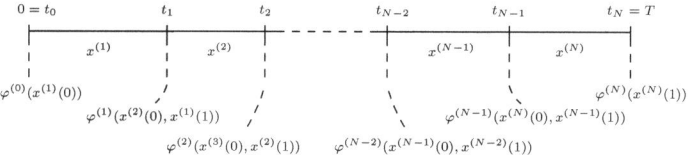

Abb. 4.2.: Lokalisierung der Randbedingungen des aufgestockten Prozesses bzgl. des ursprünglichen Zeitintervall $[0, T]$.

Mit den Bezeichnungen

$$y_{\mathrm{a}} := \begin{pmatrix} x_{\mathrm{a}}^{(1)} \\ x_{\xi,\mathrm{a}}^{(1)} \\ \vdots \\ x_{\mathrm{a}}^{(N)} \\ x_{\xi,\mathrm{a}}^{(N)} \end{pmatrix}, \ y_{\mathrm{e}} := \begin{pmatrix} x_{\mathrm{e}}^{(1)} \\ x_{\xi,\mathrm{e}}^{(1)} \\ \vdots \\ x_{\mathrm{e}}^{(N)} \\ x_{\xi,\mathrm{e}}^{(N)} \end{pmatrix}, \ \varphi(y_{\mathrm{a}}, y_{\mathrm{e}}) := \begin{pmatrix} \varphi^{(0)}(x_{\mathrm{a}}^{(1)}) \\ \varphi^{(1)}(x_{\mathrm{a}}^{(2)}, x_{\mathrm{e}}^{(1)}) \\ \vdots \\ \varphi^{(N-1)}(x_{\mathrm{a}}^{(N)}, x_{\mathrm{e}}^{(N-1)}) \\ \varphi^{(N)}(x_{\mathrm{e}}^{(N)}) \end{pmatrix}, \tag{4.19}$$

wobei $\varphi : \mathbb{R}^{n_y} \times \mathbb{R}^{n_y} \to \mathbb{R}^s$, $s = \sum_{j=0}^{N} s_j$, unterliegt $y : [0,1] \to \mathbb{R}^{n_y}$ zusammenfassend der Randbedingung

$$\varphi(y(0), y(1)) = 0. \tag{4.20}$$

Schließlich überträgt man die Funktionen $S^{(j)} : \mathbb{R}^n \to \mathbb{R}^{k_j}$, $j = 1, \ldots, N$, der Zustandsbeschränkungen auf eine Abbildung $S : \mathbb{R}^n \to \mathbb{R}^k$, $k := \sum_{j=1}^{N} k_j$, gemäß

$$S(y(s)) := \begin{pmatrix} S^{(1)}\left(x^{(1)}(s)\right) \\ \vdots \\ S^{(N)}\left(x^{(N)}(s)\right) \end{pmatrix} \leq 0, \quad s \in [0,1]. \tag{4.21}$$

Für das Funktionenpaar (y, v) lautet das zu minimierende Zielfunktional

$$F(y,v) := \int_0^1 f_0(y(s), v(s)) ds \qquad (4.22)$$

mit $f_0(y,v) := \sum_{j=1}^N \xi^{(j)} \cdot f_0^{(j)}(x^{(j)}, u^{(j)})$. Insgesamt ergibt sich folgender gewöhnlicher Steuerprozess

$$(\widetilde{\text{MP}}) \quad \begin{aligned} \text{Minimiere} \quad & F(y,v) := \int_0^1 f_0(y(s), v(s)) ds \\ & = \int_0^1 \sum_{j=1}^N \xi^{(j)} \cdot f_0^{(j)}(x^{(j)}(s), u^{(j)}(s)) ds \\ \text{unter} \quad & \dot y = f(y,v), \quad 0 \le s \le 1, \\ & \varphi(y(0), y(1)) = 0, \\ & v(s) \in V, \quad 0 \le s \le 1, \\ & S(y(s)) \le 0, \quad 0 \le s \le 1. \end{aligned}$$

Dieses Problem ist ein optimaler Steuerprozess mit reinen Zustandsbeschränkungen der Gestalt (ZP), S. 24, auf dem Zeitintervall $[0,1]$.

4.3. Ein Minimumprinzip für optimale Multiprozesse mit reinen Zustandsbeschränkungen

In diesem Abschnitt werden notwendige Optimalitätsbedingungen erster Ordnung in Form eines Pontryaginschen Minimumprinzips für den zustandsbeschränkten Multiprozess (MP) diskutiert. Eine wichtige Rolle übernimmt wieder die Hamilton–Funktion, die in Definition 2.10 für (P) eingeführt wurde als $H(x, \lambda, u) = \lambda_0 f_0(x, u) + \lambda f(x, u)$. Da bei Multiprozessen abschnittsweise verschiedene Funktionen $f_0^{(j)}[t]$ und $f^{(j)}[t]$ für $t \in [t_{j-1}, t_j]$ gegeben sind, muss die Hamilton–Funktion entsprechend angepasst werden und man erhält für $j = 1, \ldots, N$,

$$H^{(j)}(x, \lambda, u) = \lambda_0 f_0^{(j)}(x, u) + \lambda f^{(j)}(x, u). \qquad (4.23)$$

Diese stückweise Definition der Hamilton–Funktion für Multiprozesse deutet bereits darauf hin, dass bei dem folgenden Minimumprinzip die Minimumbedingung und die adjungierten Differentialgleichungen ebenfalls abschnittsweise erklärt sind. Es wird hierbei aus Gründen der übersichtlicheren Notation auf das hochgestellte „*" zur

4.3: Ein Minimumprinzip für optimale Multiprozesse mit reinen Zustandsbeschränkungen

Kennzeichnung der optimalen Lösung verzichtet. Gemäß der Vereinbarung 2.11 sind auch die in diesem Abschnitt auftretenden Vektoren und Funktionen, welche mit einem griechischen Buchstaben bezeichnet werden, grundsätzlich als Zeilenvektoren aufzufassen.

Satz 4.6 (Notwendige Optimalitätsbedingungen für (MP)).
Sei $(x, z, u) \in \mathbb{W}^{1,\infty}([0,T], \mathbb{R}^n) \times \mathbb{R}^N \times L^{\infty}([0,T], \mathbb{R}^m)$ eine lokal optimale Lösung des zustandsbeschränkten Multiprozesses (MP). Dann existieren

(i) *eine reelle Zahl $\lambda_0 \geq 0$,*

(ii) *eine Funktion $\lambda \in BV([0,T], \mathbb{R}^n)$,*

(iii) *Funktionen $\eta^{(j)} \in BV([t_{j-1}, t_j], \mathbb{R}^{k_j})$, $j = 1, \ldots, N$,*

(iv) *Multiplikatoren $\rho^{(j)} \in \mathbb{R}^{s_j}$, $j = 0, \ldots, N$,*

$$\gamma_a^{(j)}, \gamma_e^{(j)} \in \mathbb{R}^{k_j} \text{ mit } \gamma_a^{(j)} \geq 0, \gamma_e^{(j)} \geq 0, \quad j = 1, \ldots, N,$$

so dass folgende Aussagen gelten:

1. *Minimumbedingung:*

$$H^{(j)}(x(t), \lambda(t), u(t)) = \min_{u \in U} H^{(j)}(x(t), \lambda(t), u) \quad (4.24)$$

für fast alle $t \in [t_{j-1}, t_j]$, $j = 1, \ldots, N$,

2. *Adjungierte Integralgleichung:*

$$\lambda(t) = \lambda(t_j^-) + \int_t^{t_j} H_x^{(j)}[\tau] d\tau + \sum_{i=1}^{k_j} \int_t^{t_j} (S_i^{(j)})_x[\tau] \, d\eta_i^{(j)}(\tau) \quad (4.25)$$

für alle $t \in [t_{j-1}, t_j]$, $j = 1, \ldots, N$,

3. *Transversalitätsbedingungen:*

$$\lambda(0) = -\frac{d}{dx}\left(\rho^{(0)} \varphi^{(0)} + \gamma_a^{(1)} S^{(1)}\right)(x(0)), \quad (4.26)$$

$$\lambda(T) = \frac{d}{dx}\left(\rho^{(N)} \varphi^{(N)} + \gamma_e^{(N)} S^{(N)}\right)(x(T)), \quad (4.27)$$

wobei $\gamma_a^{(1)} S^{(1)}(x(0)) = \gamma_e^{(N)} S^{(N)}(x(T)) = 0$.

4. *Sprungbedingung für λ in den Schaltpunkten t_j, $j = 1, \ldots, N-1$:*

$$\lambda(t_j^+) = \lambda(t_j^-) - \rho^{(j)}\left(\varphi_{x_a}^{(j)}(x(t_j^+), x(t_j^-)) + \varphi_{x_e}^{(j)}(x(t_j^+), x(t_j^-))\right)$$
$$-\gamma_a^{(j+1)} S_x^{(j+1)}(x(t_j^+)) - \gamma_e^{(j)} S_x^{(j)}(x(t_j^-)), \quad (4.28)$$

wobei $\gamma_a^{(j+1)} S^{(j+1)}(x(t_j^+)) = \gamma_e^{(j)} S^{(j)}(x(t_j^-)) = 0$, (4.29)

58   Kapitel 4: Optimale Multiprozesse mit reinen Zustandsbeschränkungen

5. *Sprungbedingung für λ in jedem Eintritts–, Austritts– oder Kontaktpunkt $\bar{t} \in [t_{j-1}, t_j]$ von $S^{(j)}$, $j = 1, \ldots, N$:*

$$\lambda(\bar{t}^+) = \lambda(\bar{t}^-) - \left(\eta^{(j)}(\bar{t}^+) - \eta^{(j)}(\bar{t}^-)\right) S_x^{(j)}(x(\bar{t})), \qquad (4.30)$$

6. *Komplementaritätsbedingung: Für $j = 1, \ldots, N$ und für fast alle $t \in [t_{j-1}, t_j]$ gilt:*

$$\dot{\eta}^{(j)}(t) \geq 0 \quad \text{und} \quad \sum_{i=1}^{k_j} \int_{t_{j-1}}^{t_j} S_i^{(j)}(x(\tau)) d\eta_i^{(j)}(\tau) = 0. \qquad (4.31)$$

Beweis. Der Beweis dieser Aussage basiert auf der Anwendung des Pontryaginschen Minimumprinzip 3.12 auf den transformierten Prozess $(\widetilde{MP})$ und anschließender Übertragung der Resultate auf den Prozess (MP).

1. Schritt: Anwendung des Minimumprinzips 3.12 auf $(\widetilde{MP})$.

Die Hamilton–Funktion für das Problem $(\widetilde{MP})$ lautet

$$\begin{aligned}
H(y, \bar{\lambda}, v) &= \lambda_0 f_0(y, v) + \bar{\lambda} f(y, v) \\
&= \sum_{j=1}^{N} \lambda_0 \cdot \xi^{(j)} \cdot f_0^{(j)}(x^{(j)}, u^{(j)}) + \sum_{j=1}^{N} \bar{\lambda}^{(j)} \cdot \xi^{(j)} \cdot f^{(j)}(x^{(j)}, u^{(j)}) \\
&= \sum_{j=1}^{N} \xi^{(j)} \cdot H^{(j)}(x^{(j)}, \bar{\lambda}^{(j)}, u^{(j)}),
\end{aligned}$$

mit $H^{(j)}$ wie in (4.23) und $\bar{\lambda} := (\bar{\lambda}^{(1)}, \bar{\lambda}_\xi^{(1)}, \bar{\lambda}^{(2)}, \bar{\lambda}_\xi^{(2)}, \ldots, \bar{\lambda}^{(N)}, \bar{\lambda}_\xi^{(N)}) \in \mathbb{R}^{n_y}$, $\bar{\lambda}^{(j)} \in \mathbb{R}^n$, $\bar{\lambda}_\xi^{(j)} \in \mathbb{R}$, $j = 1, \ldots, N$.
Da die Probleme (MP) und $(\widetilde{MP})$ äquivalent sind, ergibt sich eine optimale Lösung $(y, v) \in \mathbb{W}^{1,\infty}([0, 1], \mathbb{R}^{n_y}) \times L^\infty([0, 1], \mathbb{R}^{n_v})$ von $(\widetilde{MP})$ durch Aufstockung und Zeittransformation der optimalen Lösung (x, z, u) von (MP), vergleiche Abschnitt 4.2. Gemäß des Minimumprinzips 3.12 gibt es zu (y, v)

(i) eine reelle Zahl $\lambda_0 \geq 0$,

(ii) eine Funktion $\bar{\lambda} \in BV([0, 1], \mathbb{R}^{n_y})$,

(iii) eine Funktion $\bar{\eta} \in BV([0, 1], \mathbb{R}^k)$ mit $\bar{\eta}(1) = 0$,

(iv) Multiplikatoren $\gamma_a, \gamma_e \in \mathbb{R}^k$ und $\rho \in \mathbb{R}^s$,

so dass folgende Aussagen gelten:

1. Nichttrivialität:

$$(\lambda_0, \rho, \bar{\lambda}(s), \bar{\eta}(s)) \neq 0, \quad \text{für alle } s \in [0, 1]. \qquad (4.32)$$

4.3: Ein Minimumprinzip für optimale Multiprozesse mit reinen
Zustandsbeschränkungen

2. Minimumbedingung:

$$H(y(s), \bar{\lambda}(s), v(s)) = \min_{v \in V} H(y(s), \bar{\lambda}(s), v) \quad \text{für fast alle } s \in [0,1].$$
(4.33)

3. Adjungierte Integralgleichung:

$$\bar{\lambda}(s) = \bar{\lambda}(1) + \int_s^1 H_y[\tau] d\tau + \int_s^1 S_y[\tau] d\bar{\eta}(\tau) \quad \text{für alle } s \in [0,1]. \quad (4.34)$$

4. Transversalitätsbedingungen:

$$\bar{\lambda}(0) = -\frac{\partial}{\partial y_a} \rho \varphi(y(0), y(1)) - \gamma_a S_y(y(0)), \tag{4.35}$$

$$\bar{\lambda}(1) = \frac{\partial}{\partial y_e} \rho \varphi(y(0), y(1)) + \gamma_e S_y(y(1)), \tag{4.36}$$

$$\gamma_a \geq 0, \ \gamma_a S(y(0)) = 0, \quad \gamma_e \geq 0, \ \gamma_e S(y(1)) = 0.$$

5. Sprungbedingung: Für jeden Eintritts-, Austritts- oder Kontaktpunkt $\bar{s} \in [0,1]$ gilt

$$\bar{\lambda}(\bar{s}^+) = \bar{\lambda}(\bar{s}^-) - \underbrace{(\bar{\eta}(\bar{s}^+) - \bar{\eta}(\bar{s}^-))}_{\geq 0} S_y(y(\bar{s})). \tag{4.37}$$

6. Komplementaritätsbedingung: Es gilt

$$\dot{\bar{\eta}}(s) \geq 0 \text{ für fast alle } s \in [0,1] \text{ und } \int_0^1 S(y(s)) d\bar{\eta}(s) = 0. \tag{4.38}$$

7. Da der Prozess autonom ist, gilt für die Hamilton–Funktion H

$$H(y(s), \bar{\lambda}(s), v(s)) \equiv \text{const. für } s \in [0,1]. \tag{4.39}$$

2. Schritt: Übertragung der Optimalitätsbedingungen auf (MP).
Man bezeichne die Komponenten der Funktionen und Vektoren aus dem Minimumprinzip gemäß der besonderen Struktur des aufgestockten Prozesses $(\widetilde{MP})$ wie folgt:

$$\begin{aligned}
\bar{\lambda}(s) &= (\bar{\lambda}^{(1)}(s), \bar{\lambda}_\xi^{(1)}(s), \ldots, \bar{\lambda}^{(N)}(s), \bar{\lambda}_\xi^{(N)}(s)), \\
&\quad \bar{\lambda}^{(j)} \in BV([0,1], \mathbb{R}^n), \ \bar{\lambda}_\xi^{(j)} \in BV([0,1], \mathbb{R}), \quad j = 1, \ldots, N, \\
\bar{\eta}(s) &= (\bar{\eta}^{(1)}(s), \ldots, \bar{\eta}^{(N)}(s)), \ \bar{\eta}^{(j)} \in BV([0,1], \mathbb{R}^{k_j}), \ j = 1, \ldots, N, \\
\rho &= (\rho^{(0)}, \ldots, \rho^{(N)}), \quad \rho^{(j)} \in \mathbb{R}^{s_j}, \quad j = 0, \ldots, N, \\
\gamma_a &= (\gamma_a^{(1)}, \ldots, \gamma_a^{(N)}) \quad \text{mit } \gamma_a^{(j)} \in \mathbb{R}^{k_j}, \quad j = 1, \ldots, N, \\
\gamma_e &= (\gamma_e^{(1)}, \ldots, \gamma_e^{(N)}) \quad \text{mit } \gamma_e^{(j)} \in \mathbb{R}^{k_j}, \quad j = 1, \ldots, N.
\end{aligned}$$

Die Komponenten von $z \in \mathbb{R}^N$, also die optimalen Schaltpunkte t_j, ergeben sich als Summen der optimierten Intervalllängen, welche durch die zusätzlichen Zustandsvariablen $\xi^{(j)}$ beschrieben werden, d.h.,

$$t_j := \sum_{i=1}^{j} \xi^{(i)}, \quad j = 1, \ldots, N.$$

Insbesondere ist die optimale Endzeit gegeben durch $T := t_N = \sum_{j=1}^{N} \xi^{(j)}$. Es wird nun gezeigt, dass für die optimale Lösung (x, z, u) von (MP) die Aussagen von Satz 4.6 mit den rücktransformierten Funktionen $\lambda : [0, T] \to \mathbb{R}^n$ und $\eta^{(j)} : [t_{j-1}, t_j] \to \mathbb{R}^{k_j}$, $j = 1, \ldots, N$,

$$\lambda(t) := \bar{\lambda}^{(j)}\left((t - t_{j-1})/\xi^{(j)}\right), \quad \text{für } t \in [t_{j-1}, t_j], \quad j = 1, \ldots, N,$$
$$\eta^{(j)}(t) := \bar{\eta}^{(j)}\left((t - t_{j-1})/\xi^{(j)}\right), \quad \text{für } t \in [t_{j-1}, t_j], \quad j = 1, \ldots, N,$$

sowie den Elementen λ_0, $\rho^{(j)}$, $j = 0, \ldots, N$, und $\gamma_\text{a}^{(j)}$, $\gamma_\text{e}^{(j)}$, $j = 1, \ldots, N$, erfüllt sind. Die **Minimumbedingung** 4.24 für (MP) ergibt sich als Folgerung aus der Minimumbedingung 4.33 für $(\widehat{\text{MP}})$ unter Berücksichtigung der Tatsache, dass die Hamilton–Funktion H bezüglich der Teilintervalle $[t_{j-1}, t_j]$ separiert werden kann gemäß

$$H(y, \bar{\lambda}, v) = \sum_{j=1}^{N} \xi^{(j)} \cdot H^{(j)}(x^{(j)}, \bar{\lambda}^{(j)}, u^{(j)}).$$

Dadurch überträgt sich die Minimalitätseigenschaft von v auf die einzelnen Komponenten $u^{(j)}$.

Die **adjungierte Integralgleichung** (4.34) lautet komponentenweise

$$\bar{\lambda}^{(j)}(s) = \bar{\lambda}^{(j)}(1) + \int_s^1 \xi^{(j)} H_{x^{(j)}}^{(j)}[\tau] d\tau + \int_s^1 S_{x^{(j)}}^{(j)}[\tau] d\bar{\eta}(\tau) \quad \text{für alle } s \in [0, 1].$$

$$\bar{\lambda}_\xi^{(j)}(s) = \bar{\lambda}_\xi^{(j)}(1) + \int_s^1 H^{(j)}[\tau] d\tau \quad \text{für alle } s \in [0, 1]. \tag{4.40}$$

Für den Übergang von (4.34) zu (4.25) führt man gemäß der Zeittransformation (4.7) eine Substitution der Integrationsvariablen τ durch. Wendet man dann die Substitutionsregel der Integralrechnung an, so verschwindet der Faktor $\xi^{(j)}$ als formale Ableitung der Zeittransformation $t(\tau) = t_{j-1} + \xi^{(j)} \cdot \tau$, $\tau \in [0, 1]$, im Integranden und man erhält aus der Integralgleichung für $\bar{\lambda}^{(j)}$ die Integralgleichung (4.25) für λ auf dem Intervall $[t_{j-1}, t_j]$.

Die **Transversalitätsbedingungen** (4.26) und (4.27) erhält man aus den Transversalitätsbedingungen (4.35) und (4.36) für $\bar{\lambda}^{(1)}(0)$ bzw. $\bar{\lambda}^{(N)}(1)$. Hierbei ist zu beachten, dass die formalen Variablen $x_\text{a}^{(0)}$ bzw. $x_\text{e}^{(N)}$ ausschließlich als Argument von $\varphi^{(0)}$ bzw. $\varphi^{(N)}$ auftreten, vergleiche auch Skizze 4.2 und Notation (4.19). Die Einschränkung der Bedingungen $\gamma_a S(y(0)) = 0$ bzw. $\gamma_e S(y(1)) = 0$ auf die Komponenten $x^{(1)}(0)$ bzw. $x^{(N)}(1)$ liefert unter Berücksichtigung der Vorzeichen $\gamma_a, \gamma_e \geq 0$ und $S(y(s)) \leq 0$ die Bedingungen $\gamma_a^{(1)} S^{(1)}(x(0)) = \gamma_e^{(N)} S^{(N)}(x(T)) = 0$. Ferner erhält man aus (4.35) und (4.36)

$$\bar{\lambda}_\xi^{(j)}(0) = \bar{\lambda}_\xi^{(j)}(1) = 0, \quad j = 1, \ldots, N.$$

Man kann zeigen, dass aus (4.39) die Gleichungen $H^{(j)}[s] \equiv \text{const.}, s \in [0,1], j = 1, \ldots, N$, folgen, vgl. [CLARKE 1989b], Korollar 3.1. Zusammen mit (4.40) liefert dies $\bar{\lambda}_\xi^{(j)}(s) = 0$, $s \in [0,1]$, $j = 1, \ldots, N$.

In analoger Weise erhält man die **Sprungbedingungen von** λ **in den Schaltpunkten** $t_j, j = 1, \ldots, N-1$, durch Übertragung der Transversalitätsbedingungen (4.35) und (4.36). Die Differenz $\lambda(t_j^+) - \lambda(t_j^-)$ entspricht gemäß der Aufstockung der Differenz $\bar{\lambda}^{(j+1)}(0) - \bar{\lambda}^{(j)}(1)$. Im Zeitpunkt $s = 0$ gilt für $j = 2, \ldots, N$ nach (4.35)

$$\bar{\lambda}^{(j)}(0) = -\frac{\partial}{\partial x_a^{(j)}} \rho^{(j-1)} \varphi^{(j-1)}(x^{(j)}(0), x^{(j-1)}(1)) - \gamma_a^{(j)} S_x^{(j)}(x^{(j)}(0)).$$

Für den Zeitpunkt $s = 1$ liefert (4.36) für $j = 1, \ldots, N-1$,

$$\bar{\lambda}^{(j)}(1) = \frac{\partial}{\partial x_e^{(j)}} \rho^{(j)} \varphi^{(j)}(x^{(j+1)}(0), x^{(j)}(1)) + \gamma_e^{(j)} S_x^{(j)}(x^{(j)}(1)).$$

Daraus folgt man die Sprungbedingung (4.28).

Die **Sprungbedingung für** λ **in einem Eintritts–, Austritts– oder Kontaktpunkte** $\bar{t} \in [t_{j-1}, t_j]$ **von** $S^{(j)}$ ergibt sich durch Auswertung der Sprungbedingung für $\lambda^{(j)}$. Sei also $\bar{t} \in [t_{j-1}, t_j]$ ein solcher Verbindungspunkt. Dann ist $\bar{s} = (\bar{t} - t_{j-1})/\xi^{(j)}$ ein Verbindungspunkt bezüglich $S^{(j)}$. Für die Komponente $\lambda^{(j)}$ liefert (4.37) in diesem Fall

$$\bar{\lambda}^{(j)}(\bar{s}^+) = \bar{\lambda}^{(j)}(\bar{s}^-) - (\bar{\eta}^{(j)}(\bar{s}^+) - \bar{\eta}^{(j)}(\bar{s}^-))S_x^{(j)}(x^{(j)}(\bar{s})).$$

Durch Rücktransformation auf das Intervall $[t_{j-1}, t_j]$ erhält man wegen $\lambda(\bar{t}) = \bar{\lambda}^{(j)}(\bar{s})$, $\eta^{(j)}(\bar{t}) = \bar{\eta}^{(j)}(\bar{s})$ und $x(\bar{t}) = x^{(j)}(\bar{s})$ die Sprungbedingung (4.30).

Schließlich liefert die **Komplementaritätsbedingung** (4.38), welche komponentenweise

$$\dot{\bar{\eta}}^{(j)}(s) \geq 0 \text{ für fast alle } s \in [0,1] \text{ und } \int_0^1 S^{(j)}(x^{(j)}(s))d\bar{\eta}^{(j)}(s) = 0$$

lautet, die entsprechende Bedingung (4.31). □

Im Hinblick auf die Anwendungsfälle optimaler Multiprozesse in Kapitel 6 werden nun einige Folgerungen aus Satz 4.6 für spezielle Typen von (MP) vorgestellt. Eine häufige grundlegende Annahme bei der Behandlung von Multiprozessen ist die

Voraussetzung 4.7. *Gegeben sei ein optimaler Multiprozess (MP). Die Zustandsbeschränkungen seien im Anfangs- und Endzeitpunkt sowie in allen Schaltpunkten der optimalen Lösung nicht aktiv, d.h. es gelten die Bedingungen*

$$S^{(j)}(x(t_{j-1}^+)) < 0 \quad \text{und} \quad S^{(j)}(x(t_j^-)) < 0, \tag{4.41}$$

für $j = 1, \ldots, N$.

Folgerung 4.8. *Gegeben sei ein Problem (MP). Unter Voraussetzung 4.7 verschwinden die Multiplikatoren γ_a und γ_e aus Satz 4.6 wegen der Komplementarität (4.29) und die Transversalitätsbedingungen (4.26) und (4.27) sowie die Sprungbedingung (4.28) vereinfachen sich zu*

$$\lambda(0) = -\rho^{(0)} \varphi_x^{(0)}(x(0)), \quad \lambda(T) = \rho^{(N)} \varphi_x^{(N)}(x(T)),$$
$$\lambda(t_j^+) = \lambda(t_j^-) - \rho^{(j)} \left(\varphi_{x_a}^{(j)}(x(t_j^+), x(t_j^-)) + \varphi_{x_e}^{(j)}(x(t_j^+), x(t_j^-)) \right).$$

Für den häufig auftretenden Spezialfall der Innere–Punkte–Bedingungen (4.6), d.h.,

$$\varphi^{(j)}(x(t_j^+), x(t_j^-)) = \begin{pmatrix} x(t_j^+) - x(t_j^-) \\ \left(x_i(t_j) - a_i^{(j)} \right)_{i \in I_j} \end{pmatrix} \quad \text{für } j = 1, \ldots, N-1,$$

mit Indexmengen $I_j \subset \{1, \ldots, n\}$ und $a_i^{(j)} \in \mathbb{R}$, erhält man aus (4.28) für die adjungierte Funktion λ folgende Stetigkeitsaussage.

Folgerung 4.9. *Die Voraussetzung 4.7 seien für ein Problem (MP) erfüllt und die Innere–Punkte–Bedingungen besitzen die Gestalt (4.6). Dann ist die adjungierte Funktion λ_i stetig im Schaltpunkt t_j, falls $i \notin I_j$.*

Im Falle von einfachen Multiprozessen ohne reine Zustandsbeschränkungen kann man aus Satz 4.6 folgendes Resultat ableiten.

Folgerung 4.10. *Gegeben sei ein Problem (MP) ohne Zustandsbeschränkungen, d.h. es gelte $k_j = 0$, $j = 1, \ldots, N$. Falls die Randbedingungen vom Typ $\psi(x(0), (x(T)) = 0$ sind und keine Innere–Punkte–Bedingungen vorliegen, d.h. es gelte $s_j = 0$, $j = 1, \ldots, N-1$, dann ist λ stetig in jedem Zeitpunkt $t \in [0, T]$.*

5. Numerische Lösungsverfahren

Die große Komplexität von praktischen Modellen erlaubt häufig keine analytische Herleitung der optimalen Lösung, so dass man auf numerische Rechenverfahren angewiesen ist. Mit numerischen Methoden lassen sich Lösungen optimaler Steuer– bzw. Multiprozesse mit hoher Genauigkeit approximativ bestimmen. Mittlerweile gibt es ausgereifte Optimierungsalgorithmen, welche im Zusammenspiel mit immer leistungsstärkerer IT–Hardware in der Lage sind, komplizierte, hochdimensionale Probleme zuverlässig und effizient zu lösen.

Die Methoden zur numerischen Lösung optimaler Steuerprozesse können im Wesentlichen in zwei Klassen unterteilt werden: die *direkten* und die *indirekten Verfahren*. Bei den direkten Verfahren besteht die Idee darin, den kontinuierlichen Steuerprozess zu diskretisieren und dadurch ein endlich–dimensionales Optimierungsproblem zu erhalten. Dieses Optimierungsproblem lässt sich mit geeigneten numerischen Verfahren lösen. Im ersten Abschnitt 5.1 dieses Kapitels werden die Grundlagen von nichtlinearen Optimierungsprobleme diskutiert. Nach der Vorstellung des Standardproblems werden zunächst notwendige und hinreichende Optimalitätsbedingungen präsentiert, bevor eine Einführung in das Gebiet der Sensitivitätsanalyse gegeben wird. Anschließend wird mit dem Programm IPOPT ein Algorithmus zur Lösung von hochdimensionalen Problemen vorgestellt. Mit Hilfe dieses Verfahrens wurden die in Kapitel 6 behandelten Anwendungsmodelle numerisch gelöst.

Abschnitt 5.2 geht schließlich auf die direkten Verfahren ein. Es werden Diskretisierungstechniken erläutert, Zusammenhänge zwischen den Optimalitätsbedingungen des diskreten Problems und des optimalen Steuerprozesses untersucht und auf einige Besonderheiten bei der numerischen Behandlung von Steuerprozessen mit linear auftretenden Steuerung eingegangen. Direkte Verfahren besitzen im Vergleich zu indirekten Verfahren einen recht großen Konvergenzradius und zeichnen sich durch eine gewisse Anwenderfreundlichkeit aus, da zu ihrer Anwendung keine tiefgreifenden Kenntnisse in der Theorie optimaler Steuerprozesse erforderlich sind. Um allerdings

die Güte einer numerisch berechneten optimalen Lösung beurteilen zu können, sollte der Nutzer gleichwohl einen Überblick über die notwendigen und hinreichenden Optimalitätsbedingungen besitzen.
Obwohl die indirekten Verfahren keine unmittelbare Anwendung in dieser Arbeit finden, wird der Vollständigkeit halber in Abschnitt 5.3 auf die wesentlichen Ideen dieser Klasse eingegangen und mit dem Einfach–Schießverfahren und der Mehrzielmethode zwei wichtige Hilsmittel vorgestellt.
Im Anhang dieser Arbeit befindet sich der Sourcecode von drei ausgewählten Programmen zur numerischen Lösung der verschiedenen Anwendungsmodelle aus Kapitel 6. Zunächst wird anhand eines AMPL–Programms exemplarisch die zeitoptimale Lösung eines Multiprozesses nach dem Prinzip der vollen Diskretisierung veranschaulicht. Das folgende NUDOCCCS–Programm implementiert die Energieminimierende Steuerung eines mechatronischen Bauteils. Zusätzlich werden einige Sensitivitäten berechnet. Abschließend wird ein MATLAB–Programm zur optimalen Steuerung eines gekoppelten Spin–Systems vorgestellt. Hier wird mittels Interface–Anbindung auf den Innere–Punkte–Solver IPOPT zurückgegriffen.

5.1. Nichtlineare Optimierungsprobleme

Im Allgemeinen unterscheidet man je nach Struktur des Problems zwischen *linearen* und *nichtlinearen* Optimierungsproblemen, da sich die Theorie und die Numerik zur Behandlung dieser Probleme in einigen Punkten unterscheiden. Man spricht von nichtlinearen Problemen, wenn mindestens eine Optimierungsvariable in der Zielfunktion oder einer Nebenbedingung nichtlinear auftritt. In diesem Abschnitt werden einige Grundlagen von nichtlinearen Optimierungsproblemen präsentiert. Zunächst sollen die wichtigsten Definitionen und Begriffe bezüglich des Standardproblems der nichtlinearen Optimierung zusammengetragen werden, bevor notwendige und hinreichende Optimalitätsbedingungen präsentiert werden. Im Anschluss daran werden die wesentlichen Ideen der Sensitivitätsanalyse vorgestellt.
Anwendung finden die in diesem Kapitel diskutierten Resultate bei der numerischen Lösung optimaler Steuerprozesse durch direkte Verfahren in Kapitel 5.2.

5.1.1. Problemformulierung

Bei der nichtlinearen Optimierung geht es um die Minimierung von Funktionen $f : \mathbb{R}^n \to \mathbb{R}$, wobei in der Regel zusätzliche Nebenbedingungen definiert werden. So interessiert man sich üblicherweise nur für das Minimum von f auf einer gegebenen

5.1: Nichtlineare Optimierungsprobleme

Teilmenge $S \subset \mathbb{R}^n$, der *zulässigen Menge*. Lässt sich diese Menge durch Gleichungen und Ungleichungen beschreiben, liegt ein Optimierungsproblem in folgender *Standardform* vor.

Definition 5.1 (Nichtlineares Optimierungsproblem (NLP)). Seien $f : \mathbb{R}^n \to \mathbb{R}$, $g : \mathbb{R}^n \to \mathbb{R}^m$ und sei $k \in \{0, 1, \ldots, m\}$. Das Problem

$$\begin{aligned}
\text{Minimiere} \quad & f(x) \\
\text{unter} \quad & g_i(x) \leq 0, \quad i = 1, \ldots, k, \\
& g_i(x) = 0, \quad i = k+1, \ldots, m,
\end{aligned} \qquad (5.1)$$

heißt *Standardproblem der nichtlinearen Optimierung*. Die Funktion f heißt *Zielfunktion* und die Menge

$$S := \{x \in \mathbb{R}^n \mid g_i(x) \leq 0, \ i = 1, \ldots, k, \ g_i(x) = 0, \ i = k+1, \ldots, m\}$$

nennt man *zulässige Menge*. Ein Punkt $x \in S$ ist dann ein *zulässiger Punkt*.

Man unterscheidet zwischen *lokalen* Minimalstellen, die nur in einer bestimmten Umgebung optimal sind, und *globalen* Minimalstellen, welche Optimalität bezüglich der gesamten zulässigen Menge liefern.

Definition 5.2 (Minimalstelle). Ein zulässiger Punkt $x^* \in S$ heißt

1. *lokale Minimalstelle* des Problems (5.1), falls es eine Umgebung $V \subset \mathbb{R}^n$ von x^* gibt mit

$$f(x^*) \leq f(x) \quad \text{für alle } x \in S \cap V,$$

2. *strikte lokale Minimalstelle* des Problems (5.1), falls es eine Umgebung $V \subset \mathbb{R}^n$ von x^* gibt mit

$$f(x^*) < f(x) \quad \text{für alle } x \in S \cap V, \ x \neq x^*,$$

3. *globale Minimalstelle* des Problems (5.1), falls gilt

$$f(x^*) \leq f(x) \quad \text{für alle } x \in S,$$

4. *strikte globale Minimalstelle* des Problems (5.1), falls gilt

$$f(x^*) < f(x) \quad \text{für alle } x \in S \text{ mit } x \neq x^*.$$

Im Folgenden wird mit dem *Zeilenvektor* $f'(x) := (\frac{\partial f}{\partial x_1}(x), \ldots, \frac{\partial f}{\partial x_n}(x))$ bzw. mit dem *Spaltenvektor* $\nabla f(x) := (f'(x))^T$ der *Gradient* der Funktion $f : \mathbb{R}^n \to \mathbb{R}$ an der Stelle $x \in \mathbb{R}^n$ bezeichnet. Für die Abbildung $g : \mathbb{R}^n \to \mathbb{R}^m$ definiert man die $m \times n$–*Jacobi–Matrix* an der Stelle $x \in \mathbb{R}^n$ durch

$$D\,g(x) := \left(\frac{\partial g_i}{\partial x_j}(x)\right)_{\substack{i=1,\ldots,m \\ j=1,\ldots,n}}. \qquad (5.2)$$

5.1.2. Notwendige und hinreichende Optimalitätsbedingungen

Effiziente numerische Lösungsverfahren zur Bestimmung von Minimalstellen des Problems (5.1) verwenden in der Regel Informationen des Gradienten der Zielfunktion f und der Funktionen g_i, $i = 1, \ldots, m$. Man spricht von *differenzierbarer Optimierung*, wenn f zumindest in einer Umgebung einer lokalen Minimalstelle $x^* \in S$ differenzierbar ist und die Nebenbedingungen g_i, $i = 1, \ldots, m$, stetig differenzierbar sind. In diesem Abschnitt werden notwendige Optimalitätsbedingungen für differenzierbare Optimierungsprobleme (5.1) vorgestellt. Wie die meisten Lösungsverfahren basiert auch das in Abschnitt 5.1.4 vorgestellte Programm IPOPT auf der numerischen Auswertung der in Satz 5.6 dargestellten Optimalitätskriterien. Zur Vorbereitung auf die Formulierung von notwendigen Optimalitätsbedingungen werden zunächst einige wichtige Begriffe bereitgestellt.

Definition 5.3 (Aktive Indizes). Sei $x \in S$ ein zulässiger Punkt des Problems (5.1). Man betrachtet die Mengen

$$I(x) := \{i \in \{1, \ldots, k\} \mid g_i(x) = 0\},$$
$$J(x) := I(x) \cup \{k+1, \ldots, m\}.$$

Die Menge $J(x)$ wird als *Menge der aktiven Indizes* bezeichnet.

Mit Hilfe dieser Indexmengen lassen sich die zwei bedeutenden Eigenschaften der Regularität und Normalität von zulässigen Punkten $x \in S$ definieren. Insbesondere die Regularitätsbedingung ist in zahlreichen unterschiedlichen Varianten in der Literatur bekannt, vergleiche [LUENBERGER 1973], [ZOWE 1979] oder [WERNER 1984]. Die folgende Definition der Regularität bezeichnet man als *Mangasarian–Fromowitz-Bedingung*, siehe [MANGASARIAN 1969].

5.1: Nichtlineare Optimierungsprobleme

Definition 5.4 (Regularität und Normalität).

1. Ein Punkt $x \in S$ heißt *regulär*, wenn die Gradienten $g'_{k+1}(x), \ldots, g'_m(x) \in \mathbb{R}^n$ linear unabhängig sind und es einen Vektor $v \in \mathbb{R}^n$ gibt mit

$$g'_i(x)v < 0 \quad \text{für} \quad i \in I(x) \quad \text{und}$$
$$g'_i(x)v = 0 \quad \text{für} \quad i = k+1, \ldots, m.$$

2. Ein Punkt $x \in S$ heißt *normal*, wenn die Gradienten $g'_i(x)$, $i \in J(x)$, linear unabhängig sind.

Bei den notwendigen Optimalitätsbedingungen für Steuerprozesse ist die Hamilton–Funktion von zentraler Bedeutung, siehe Kapitel 2.2, 3.2 oder 4.3. Diese Rolle übernimmt bei nichtlinearen Optimierungsproblemen die Lagrange–Funktion.

Definition 5.5 (Lagrange–Funktion). Einem Optimierungsproblem (5.1) ordnet man die *Lagrange–Funktion*

$$L(x, \lambda) := f(x) + \lambda g(x) = f(x) + \sum_{i=1}^m \lambda_i g_i(x) \qquad (5.3)$$

zu. Die Komponenten λ_i, $i = 1, \ldots, m$, des Zeilenvektors $\lambda \in \mathbb{R}^m$ heißen *Lagrange-Multiplikatoren*.

Diese Lagrange–Funktion findet Anwendung bei der Formulierung des Hauptresultats dieses Abschnitts, den notwendigen Optimalitätsbedingungen für Problem (5.1). Diese werden in der Literatur auch als KKT–Bedingungen nach den Autoren K͟arush, K͟uhn und T͟ucker bezeichnet, siehe [KARUSH 1939], [KUHN/TUCKER 1951]. Für die folgende Aussage wird vorausgesetzt, dass die Normalitätsbedingung 5.4 für die betrachtete Minimalstelle $x^* \in \mathbb{R}^n$ erfüllt ist.

Satz 5.6 (Notwendige Optimalitätsbedingungen (KKT–Bedingungen)).
Der Punkt $x^* \in \mathbb{R}^n$ sei eine lokale Minimalstelle des Problems (5.1) und erfülle die Normalitätsbedingung aus Definition 5.4. Dann existiert ein eindeutig bestimmter Zeilenvektor $\lambda^* = (\lambda_1^*, \ldots, \lambda_m^*) \in \mathbb{R}^m$, so dass folgende Aussagen gelten:

1. $L_x(x^*, \lambda^*) = f'(x^*) + \lambda^* g'(x^*) = f'(x^*) + \sum_{i=1}^m \lambda_i^* g_i'(x^*) = 0,$ \hfill (5.4)

2. $\lambda_i^* = 0$ für $i \notin J(x^*)$, \hfill (5.5)

3. $\lambda_i^* \geq 0$ für $i \in I(x^*)$. \hfill (5.6)

Einen Beweis findet man außer in den Originalquellen auch in den Arbeiten von [LUENBERGER 1973], [FLETCHER 1987] und [ALT 2002]. Statt der Normalität des Punktes x^* kann man auch nur die Regularität gemäß Definition 5.4 voraussetzen, wodurch man allerdings die Eindeutigkeit der Lagrange–Multiplikatoren verliert. In diesem Fall bildet die Menge der Lagrange–Multiplikatoren zu einem Punkt x^*, welche die Bedingungen aus Satz 5.6 erfüllen, eine nichtleere, konvexe und kompakte Menge. Im Spezialfall der unbeschränkten Optimierung reduzieren sich die KKT–Bedingungen zum wohl bekannten Optimalitätskriterium erster Ordnung $f'(x^*) = 0$.

Ein zulässiger Punkt heißt *Extremalpunkt* oder *kritischer Punkt*, wenn er den Bedingungen aus Satz 5.6 genügt. Neben Minimalstellen können jedoch auch Maximalstellen und Sattelpunkte diese Bedingungen erfüllen. Insofern benötigt man hinreichende Optimalitätsbedingungen, die garantieren, dass es sich bei dem kritischen Punkt auch wirklich um eine Minimalstelle handelt. Falls diese Bedingungen neben den Gradienten, also den ersten Ableitungen von f und g_i, $i = 1, \ldots, m$, auch die zweiten Ableitungen in Form der Hessematrizen von f und g_i berücksichtigen, spricht man von hinreichenden Optimalitätsbedingungen zweiter Ordnung (SSC: Second Order Sufficient Conditions). Diese spielen außerdem im Zusammenhang mit der Sensitivitätsanalyse eine wichtige Rolle, siehe Kapitel 5.1.3. Der Einfachheit halber sei an dieser Stelle die strikte Komplementarität der Lagrange–Multiplikatoren vorausgesetzt.

Definition 5.7 (Strikte Komplementarität). Seien $\lambda_1^*, \ldots, \lambda_m^*$ die Lagrange–Multiplikatoren zu $x^* \in S$. Man sagt, dass die Bedingung der *strikten Komplementarität* erfüllt ist, wenn gilt

$$\lambda_i^* > 0 \quad \text{für alle } i \in I(x^*). \tag{5.7}$$

Unter der Voraussetzung der strikten Komplementarität lassen sich hinreichende Optimalitätsbedingungen für (5.1) in folgender Form darstellen.

Satz 5.8 (Hinreichende Optimalitätsbedingungen 2. Ordnung).
Der Punkt $x^* \in \mathbb{R}^n$ sei normal und es gebe einen Zeilenvektor $\lambda^* = (\lambda_1^*, \ldots, \lambda_m^*) \in \mathbb{R}^m$, so dass die KKT–Bedingungen (5.4), (5.5) und (5.6) erfüllt sind. Zusätzlich sei die strikte Komplementaritätsbedingung (5.7) erfüllt und es gelte

$$v^T L_{xx}(x^*, \lambda^*) v > 0 \quad \text{für alle } v \in \mathbb{R}^n \setminus \{0\} \text{ mit } g_i{'}(x^*)v = 0, \ i \in J(x^*). \tag{5.8}$$

Dann gibt es Konstanten $c > 0$ und $\alpha > 0$ mit

$$f(x) \geq f(x^*) + c\,\|x - x^*\|^2 \quad \text{für alle } x \in S \text{ mit } \|x - x^*\| \leq \alpha. \tag{5.9}$$

Insbesondere ist x^* eine strenge lokale Minimalstelle von (5.1).

5.1: Nichtlineare Optimierungsprobleme

Für einen Beweis dieser Aussage vergleiche man [FLETCHER 1987]. Wird die strikte Komplementarität nicht vorausgesetzt, muss man die Bedingung (5.8) verallgemeinern und die positive Definitheit der Hesse–Matrix der Lagrange–Funktion auf einem Kegel bezüglich der Nebenbedingungen untersuchen, siehe [ALT 2002].

5.1.3. Sensitivitätsanalyse

Häufig enthält ein Anwendungsproblem Parameter, deren Werte durch Messungen, Hochrechnungen oder gar Schätzungen bestimmt werden müssen. Die Genauigkeit dieser Parameter ist daher beschränkt. In diesem Abschnitt geht es um die Fragestellung, welche Auswirkungen geringfügige Änderungen einzelner Parameter auf die optimale Lösung haben. Man untersucht also, wie empfindlich die zu einem festen *nominellen Parameter* berechnete Lösung auf Störungen reagiert. Eine geringe Abhängigkeit von den Werten der Modellparameter ermöglicht eine zuverlässigere Berechnung der optimalen Lösung.
Als Verallgemeinerung des nichtlinearen Optimierungsproblems (5.1) betrachte man das folgende parameterabhängige Problem.

Definition 5.9 (Das parametrische Optimierungsproblem).
Sei $p \in \mathbb{R}^q$ und die Funktionen $f : \mathbb{R}^n \times \mathbb{R}^q \to \mathbb{R}$ und $g : \mathbb{R}^n \times \mathbb{R}^q \to \mathbb{R}^m$ seien zweimal stetig differenzierbar.

1. Das Problem

    P(p)   Minimiere $f(x,p)$
    unter $g_i(x,p) \leq 0, \quad i = 1, \ldots, k,$
    $g_i(x,p) = 0, \quad i = k+1, \ldots, m,$

    heißt *parametrisches Standardproblem der nichtlinearen Optimierung*.

2. Der Parameter $p = (p_1, \ldots, p_q)^T \in \mathbb{R}^q$ heißt *Störparameter*.

3. Das zu einem festen Parameter $p_0 \in \mathbb{R}^q$, dem *nominellen* oder *Referenz–Parameter*, gehörende Optimierungsproblem $P(p_0)$ heißt *ungestörtes*, *nominelles* oder *Referenz–Problem*.

4. Die *zulässige Menge* $S(p)$ von $P(p)$ ist definiert durch

$$S(p) := \{x \in \mathbb{R}^n \mid g_i(x,p) \leq 0, \, i = 1, \ldots, k, \\ g_i(x,p) = 0, \, i = k+1, \ldots, m\}. \tag{5.10}$$

5. Als *aktive Indizes* der Ungleichungsrestriktionen eines Punktes $x^* \in S(p_0)$ bezeichnet man die Indexmenge

$$I(x^*) := \{\, i \in \{1, \ldots, k\} \mid g_i(x^*, p_0) = 0 \,\}. \tag{5.11}$$

Ferner spielt die Menge $J(x^*) := I(x^*) \cup \{k+1, \ldots, m\}$ bei der Formulierung des Sensitivitätssatzes 5.11 eine Rolle.

Ein wichtiges Hilfsmittel aus der Analysis für die Sensitivitätsanalyse ist der Satz über implizite Funktionen, siehe [FORSTER 1987] oder [ALT 2002].

Satz 5.10 (Satz über implizite Funktionen). *Sei $F : \mathbb{R}^n \times \mathbb{R}^q \to \mathbb{R}^n$ eine stetig differenzierbare Funktion und $(x_0, p_0) \in \mathbb{R}^n \times \mathbb{R}^q$ ein Punkt mit $F(x_0, p_0) = 0$. Die $n \times n$–Jacobi–Matrix $F_x(x_0, p_0)$ sei regulär. Dann gibt es Umgebungen U von p_0 und V von x_0 und eine stetig differenzierbare Funktion $x : U \to V$ mit $x(p_0) = x_0$ und*

$$F(x(p), p) = 0 \quad \text{für alle } p \in U.$$

Die Jacobi–Matrix Dx ist gegeben durch

$$Dx(p) = -F_x(x(p), p)^{-1} F_p(x(p), p).$$

Der folgende Sensitivitätssatz basiert auf der Arbeit [FIACCO 1983]. Er zeigt, dass unter bestimmten Voraussetzungen die Lösung $x(p)$ und der zugehörige Lagrange–Multiplikator $\lambda(p)$ des Problems $P(p)$ in einer Umgebung von dem nominellen Parameter p_0 stetig differenzierbar vom Parameter p abhängen.

Satz 5.11 (Der Sensitivitätssatz). *Sei $P(p_0)$ das ungestörte Optimierungsproblem zu dem nominellen Parameter $p_0 \in \mathbb{R}^q$ und $x^* \in S(p_0)$ eine lokale Minimalstelle von $P(p_0)$. Weiter sei der Punkt x^* normal und es gebe Lagrange–Multiplikatoren λ_i^*, $i \in J(x^*)$, so dass die KKT–Bedingungen (5.4) – (5.6) sowie die hinreichenden Optimalitätsbedingungen aus Satz 5.8 erfüllt sind. Insbesondere gelte damit $\lambda_i > 0$, $i \in I(x^*)$. Dann existieren eine Umgebung $P_0 \subset \mathbb{R}^q$ von p_0 und stetig differenzierbare Abbildungen*

$$\begin{aligned} x : &\quad P_0 \to \mathbb{R}^n, \\ \lambda_i : &\quad P_0 \to \mathbb{R}, \quad i \in J(x^*), \end{aligned}$$

so dass folgende Aussagen gelten:

1. $$\begin{aligned} x(p_0) &= x^*, \\ \lambda_i(p_0) &= \lambda_i^*, \quad i \in J(x^*) \end{aligned}$$

2. *Für $p \in P_0$ erfüllen $x(p)$ und $\lambda_i(p)$, $i \in J(x^*)$, die hinreichenden Optimalitätsbedingungen 5.8 für das gestörte Problem $P(p)$. Insbesondere ist $x(p)$ strenge lokale Minimalstelle von $P(p)$.*

5.1: Nichtlineare Optimierungsprobleme

Einen Beweis dieses Satzes findet man beispielsweise auch in [ALT 2002]. Die grundlegende Beweisidee basiert darauf, dass man für das *reduzierte Lagrange–System* (zur Aufstellung dieses Systems beachte man die Eigenschaften (5.5) und (5.7))

$$F(x,\nu,p) := \begin{pmatrix} \tilde{L}_x(x,\nu,p)^T \\ G(x,p) \end{pmatrix} = 0 \qquad (5.12)$$

mit

$$\begin{aligned}
\tilde{L}(x,\nu,p) &= f(x,p) + \nu\, G(x,p) = f(x,p) + \sum_{i \in J(x^*)} \lambda_i\, g_i(x,p), \\
G(x,p) &= (g_i(x,p))_{i \in J(x^*)}, \\
\nu &= (\lambda_{i_1}, \ldots, \lambda_{i_l}) \in \mathbb{R}^l,\ i_k \in J(x^*),\ l = |J(x^*)|,
\end{aligned}$$

die Voraussetzungen vom Satz über implizite Funktionen nachrechnet und mithilfe dessen dann auf die lokale Existenz der Funktion $x(p)$ und $\lambda(p)$ schließen kann. Der Satz 5.10 liefert neben dieser Erkenntnis zusätzlich eine Formel für die Ableitungen der implizit definierten Funktionen $x(p)$ und $\lambda(p)$, was einem in diesem Zusammenhang die Bildung der sogenannten *Sensitivitäts–Differentiale* ermöglicht.

Satz 5.12 (Sensitivitäten und Schattenpreisformel).
Für die im Sensitivitätssatz 5.11 auftretenden Funktionen $x : P_0 \to \mathbb{R}^n$ und $\lambda_i : P_0 \to \mathbb{R}$, $i \in J(x^*)$, gelten folgende Aussagen:

1. *Mittels des Satzes über implizite Funktionen und der Bezeichnungen*

$$A_0 := \begin{pmatrix} \tilde{L}_{xx}(x^*,\nu^*,p_0) & G_x(x^*,p_0)^T \\ G_x(x^*,p_0) & 0 \end{pmatrix}, \quad B_0 := \begin{pmatrix} \tilde{L}_{xp}(x^*,\nu^*,p_0) \\ G_p(x^*,p_0) \end{pmatrix}$$

berechnet man die Sensitivitäts–Differentiale

$$\begin{pmatrix} \frac{dx}{dp}(p_0) \\ \frac{d\nu}{dp}(p_0)^T \end{pmatrix} = -A_0^{-1} B_0. \qquad (5.13)$$

2. *Es gilt die* Verallgemeinerte Schattenpreisformel

$$\frac{d}{dp} f(x(p),p) \big|_{p=p_0} = \tilde{L}_p(x^*,\nu^*,p_0). \qquad (5.14)$$

Die Sensitivitäts–Differentiale finden Anwendung in der *Echzeit–Optimierung*, bei der es darum geht, sehr schnell auf Störungen in den Systemparametern reagieren zu können und „in Echtzeit" eine approximierte Lösung des gestörten Problems zu berechnen. Dazu berechnet man im Voraus *offline* die optimale Lösung (x^*,ν^*) samt

Sensitivitäts–Differentiale (5.13) des ungestörten Problems $P(p_0)$, um dann mittels einfacher Matrizenmultiplikation *online* die Taylor–Approximation erster Ordnung von $(x(p), \nu(p))$ durchzuführen:

$$\begin{pmatrix} x(p) \\ \nu(p)^T \end{pmatrix} \approx \begin{pmatrix} x^* \\ (\nu^*)^T \end{pmatrix} + \begin{pmatrix} \frac{dx}{dp}(p_0) \\ \frac{d\nu}{dp}(p_0)^T \end{pmatrix}. \qquad (5.15)$$

Die Echzeitoptimierung von Steuerprozessen wird u.a. in den Arbeiten von [PESCH 1989a, 1989b] und in dem Buch [GRÖTSCHEL 2001], in welchem die Ergebnisse des DFG–Schwerpunktprogramms *Online Optimization of Large Systems* vorgestellt werden, behandelt.

5.1.4. Lösungsverfahren für nichtlineare Optimierungsprobleme: Das Optimierungsverfahren Ipopt

Bei den meisten numerischen Berechnungen zur Lösung der Anwendungsmodelle in Kapitel 6 wurden direkte Verfahren eingesetzt. Bei diesem Vorgehen wird der Steuerprozess zunächst durch Diskretisierung in ein hochdimensionales nichtlineares Optimierungsproblem transferiert, bevor man dieses durch geeignete Verfahren numerisch löst. In diesem Abschnitt werden daher grundlegende Techniken zur numerischen Lösung von nichtlinearen Optimierungsproblemen des Typs (5.1) vorgestellt. Im Mittelpunkt steht die Erläuterung des numerischen Algorithmus, welcher dem Large–Scale Solver IPOPT[1] von A. Wächter und L. Biegler ([WÄCHTER 2006]) als mathematische Grundlage dient.

Die Programm–Bibliothek IPOPT ist ein Softwarepaket zum Lösen von nichtlinearen Optimierungsproblem. Bis zur Version 2.3 erfolgte die Implementierung in der Programmiersprache FORTRAN; seit der Version 3 basiert IPOPT auf C++. Insbesondere bei hochdimensionalen dünnbesetzten Problemen hat sich dieser Solver in den letzten Jahren zunehmend bewährt und wird in der Forschung und Entwicklung gerne eingesetzt. Derartige hochdimensionale Probleme resultieren beispielsweise aus der vollen Diskretisierung eines optimalen Steuerprozesses, siehe Kapitel 5.2.1. Zwecks übersichtlicher Notation liege ein nichtlineares Problem in folgender Gestalt vor:

$$\begin{array}{ll} \text{Minimiere} & f(x), \\ \text{unter} & g(x) = 0, \\ & x \geq 0, \end{array} \qquad (5.16)$$

---
[1] http://www.coin-or.org/Ipopt/

5.1: Nichtlineare Optimierungsprobleme

mit $f : \mathbb{R}^n \to \mathbb{R}$, $g : \mathbb{R}^n \to \mathbb{R}^m$ und $x \in \mathbb{R}^n$. Viele Optimierungsprobleme lassen sich durch Skalierungen, zusätzlich künstlichen Optimierungsvariablen oder anderen Transformationen auf die Form (5.16) übertragen. Für das in Kapitel 5.1.1 vorgestellte Standardproblem der nichtlinearen Optimierung (5.1) führt man dazu für jede Ungleichungsrestriktion $g_i(x) \leq 0$, $i = 1, \ldots, k$, eine *Schlupfvariable* $y_i \geq 0$ ein und ersetzt diese Nebenbedingung durch die Gleichungsrestriktion $g_i(x) + y_i = 0$, $i = 1, \ldots, k$. Die Schlupfvariablen y_i werden als zusätzliche Optimierungsvariablen aufgefasst, wobei sie nicht im Zielfunktional auftreten und daher den Charakter des Problems nicht verändern. Falls ferner die Variable x_i im Ursprungsproblem frei ist und keiner Vorzeichenbedingung $x_i \geq 0$ genügt, so kann man $x_i = u_i - v_i$ setzen mit $u_i = \max\{0, x_i\}$ und $v_i = \max\{0, -x_i\}$. Dann ersetzt man die Optimierungsvariable x_i durch die Variablen u_i und v_i, für welche $u_i, v_i \geq 0$ gilt. IPOPT würde diese Transformation intern jedoch nicht durchführen und mit der freien Variable x_i rechnen. Die Formulierung des Problems in Gestalt (5.16) vereinfacht allerdings die nachfolgende Diskussion des Algorithmus und sorgt für eine übersichtliche Notation. Der grundlegende Algorithmus von IPOPT basiert auf einem Innere–Punkte–Verfahren. Diese Verfahrensklasse wurde ausgiebig in [FIACCO 1968] diskutiert und besitzt gegenüber alternativen Methoden wie den Active–Set–Verfahren, siehe beispielsweise [NOCEDAL 2000], Konvergenzvorteile bei sehr großen dünnbesetzten Problemen. Daher eignet sie sich gut zur numerischen Lösung von diskretisierten Steuerprozessen.

Bei Innere–Punkte–Verfahren ersetzt man die Beschränkung $x \geq 0$ durch Ankopplung eines logarithmischen *Barriere- oder Strafterms* $-\alpha \cdot \sum_{i=1}^{n} \ln(x_i)$ an die Zielfunktion. Das Problem (5.16) wird ersetzt durch das Hilfsproblem

$$\text{Minimiere} \quad \varphi_\alpha(x) := f(x) - \alpha \sum_{i=1}^{n} \ln(x_i), \quad (5.17)$$
$$\text{unter} \quad g(x) = 0.$$

Für einen festen Barriere–Parameter $\alpha > 0$ gilt $\varphi_\alpha(x) \to \infty$, falls sich eine der Variablen x_i der unteren Schranke 0 annähert. Die Idee besteht also darin, durch den Barriereterm in der Zielfunktion die Zulässigkeit $x \geq 0$ zu gewährleisten. Die Präferenz zwischen der Minimierung der eigentlichen Zielfunktion f und der Einhaltung der Vorzeichen–Nebenbedingung $x \geq 0$ lässt sich durch die Wahl des Parameters α steuern. Man kann zeigen, dass für eine Folge $\{\alpha_j\}_{j \in \mathbb{N}}$, $\alpha_j > 0$ mit $\alpha_j \xrightarrow{j \to \infty} 0$ unter bestimmten Voraussetzungen die zugehörige Folge von optimalen Lösungen des Hilfsproblems (5.17) gegen die optimale Lösung x^* vom Ausgangsproblem (5.16) konvergiert, vergleiche [FORSGREN 2002]. IPOPT verwendet als Start–Parameter den Wert $\alpha_0 = 0.1$ und verkleinert diesen Wert in jedem Schritt. Es wird also in

jedem Iterationsschritt der „äußeren Schleife" das Hilfsproblem (5.17) mit einer geeigneten Folge $\{\alpha_j\}_{j\in\mathbb{N}}$ von Barriere–Parametern gelöst. Als Startpunkt wird jeweils die optimale Lösung des vorigen Schritts genommen.
Die Lagrange–Funktion zum Problem (5.16) lautet

$$L(x,\lambda,\mu) = f(x) + \lambda g(x) - \mu x \qquad (5.18)$$

mit Lagrange–Multiplikatoren $\lambda \in \mathbb{R}^m$ und $\mu \in \mathbb{R}^n$. Zur Lösung des Barriere–Problems (5.17) betrachtet man nun das System

$$\begin{aligned} f'(x) + \lambda Dg(x) - \mu &= 0, & (5.19) \\ g(x) &= 0, & (5.20) \\ \mu_i x_i - \alpha &= 0, \quad i=1,\ldots,n, & (5.21) \\ x_i, \mu_i &\geq 0, \quad i=1,\ldots,n. & (5.22) \end{aligned}$$

Man beachte, dass dieses System für den Zielparameter $\alpha = 0$ die notwendigen Optimalitätsbedingungen nach Karush, Kuhn und Tucker aus Satz 5.6 für das Problem (5.16) darstellt, wobei $Dg(x) \in \mathbb{R}^{m\times n}$ die Jacobi–Matrix von g ist. Den Ansatz, dieses System mehrfach für eine absteigende Folge $\{\alpha_j\}$ zu lösen und die Lösung des vorigen Schritts als Startlösung des nachfolgenden Iterationsschritts zu nutzen, bezeichnet man als Homotopie–Verfahren. In [GOULD 2001], Kapitel 2.1, wird gezeigt, dass dieses Vorgehen äquivalent ist zur Lösung der entsprechenden Barriere–Probleme (5.17) und somit gegen die gesuchte Lösung x^* des Problems (5.16) konvergiert. Zur Lösung des Gleichungssystem (5.19) – (5.21) bzgl. eines festen Parameters $\alpha_j > 0$ verwendet IPOPT ein ausgefeiltes modifiziertes Newton–Verfahren, welches Line–Search–Techniken und Filtermethoden zur Schrittweitenbestimmung nutzt. Im Folgenden werden die Grundideen dieses Verfahrens dargestellt. Durch die internen Updateregeln ist sichergestellt, dass bei jeder Iteration $x > 0$ und $\mu > 0$ gilt, so dass auch die Bedingung (5.22) stets erfüllt ist. Im Folgenden bezeichnet $j \in \mathbb{N}$ die Iterationsvariable der „äußeren Schleife", welche sich auf das j-te Barriere–Problem mit Parameter α_j bezieht, während mit $k \in \mathbb{N}$ die Zählvariable der „inneren Schleife" bezeichnet wird, die der Newton–Iteration zur Lösung des entsprechenden Gleichungssystems entspricht. Bei dem k-ten Iterationsschritt des einfachen Newton–Verfahren zur Bestimmung einer Lösung $(x,\lambda,\mu) \in \mathbb{R}^n \times \mathbb{R}^m \times \mathbb{R}^n$ der Gleichungen (5.19) – (5.21) wird das folgende Gleichungssystem gelöst,

$$\begin{pmatrix} \mathcal{L}_{xx}^{(k)} & (Dg(x^{(k)}))^T & -I \\ Dg(x^{(k)}) & 0 & 0 \\ M^{(k)} & 0 & X^{(k)} \end{pmatrix} \cdot \begin{pmatrix} \Delta x^{(k)} \\ \Delta \lambda^{(k)} \\ \Delta \mu^{(k)} \end{pmatrix} = - \begin{pmatrix} \nabla_x L(x^{(k)},\lambda^{(k)},\mu^{(k)}) \\ g(x^{(k)}) \\ M^{(k)} X^{(k)} e - \alpha_j e \end{pmatrix}$$
(5.23)

5.1: Nichtlineare Optimierungsprobleme

mit den Bezeichnungen

$$\mathcal{L}_{xx}^{(k)} := Hess(f(x^{(k)})) + \sum_{i=1}^{m} \lambda_i^{(k)} Hess(g_i(x^{(k)})) \in \mathbb{R}^{n\times n},$$

$$M^{(k)} = diag(\mu^{(k)}) \in \mathbb{R}^{n\times n}, \qquad X^{(k)} := diag(x^{(k)}) \in \mathbb{R}^{n\times n},$$

$$\Delta x^{(k)} := x^{(k+1)} - x^{(k)}, \qquad \Delta \lambda^{(k)} := \lambda^{(k+1)} - \lambda^{(k)},$$

$$\Delta \mu^{(k)} := \mu^{(k+1)} - \mu^{(k)}, \qquad e = (1, \ldots, 1)^T \in \mathbb{R}^n$$

Aufgrund der speziellen Blockstruktur des Gleichungssystems (5.23) lässt sich $\Delta \mu^{(k)}$ durch Auflösen der dritten Zeile gemäß

$$\Delta \mu^{(k)} = \alpha_j (X^{(k)})^{-1} e - (\mu^{(k)})^T - (X^{(k)})^{-1} M^{(k)} \Delta x^{(k)} \qquad (5.24)$$

und anschließendes Einsetzen in die erste Zeile aus dieser eliminieren. Das reduzierte System in den Variablen $x^{(k)}$ und $\lambda^{(k)}$ lautet

$$\begin{pmatrix} \mathcal{L}_{xx}^{(k)} + \Sigma^{(k)} & (Dg(x^{(k)}))^T \\ Dg(x^{(k)}) & 0 \end{pmatrix} \cdot \begin{pmatrix} \Delta x^{(k)} \\ \Delta \lambda^{(k)} \end{pmatrix} = \begin{pmatrix} \nabla \varphi_{\alpha_j}(x^{(k)}) + (\lambda Dg(x^{(k)}))^T \\ g(x^{(k)}) \end{pmatrix},$$

wobei $\Sigma^{(k)} := (X^{(k)})^{-1} M^{(k)}$. Zur Bestimmung der Lösung $(\Delta x^{(k)}, \Delta \lambda^{(k)}, \Delta \mu^{(k)})$ von (5.23) löst IPOPT zunächst dieses reduzierte Gleichungssystem und berechnet anschließend durch (5.24) den Vektor $\Delta \mu^{(k)}$.
Um die Vorzeichenbedingung (5.22) für die nachfolgende Newton–Iteration zu gewährleisten, werden zunächst die maximale Schrittweiten $h_k^{x,\max}$, $h_k^{\mu,\max} \in (0,1]$ bestimmt, für welche die Bedingungen

$$x^{(k)} + h_k^{x,\max} \Delta x^{(k)} \geq (1-\tau) x^{(k)}, \qquad (5.25)$$

$$\mu^{(k)} + h_k^{\mu,\max} \Delta \mu^{(k)} \geq (1-\tau) \mu^{(k)}. \qquad (5.26)$$

mit einer Konstanten $\tau \in (0,1)$ erfüllt sind. Daraufhin wird ein *Line–Search–*Verfahren mit den Test-Schrittweiten $h_{k,l}^x = 2^{-l} h_k^{x,\max}$, $l = 0, 1, \ldots$, durchgeführt. Man halbiert also die Schrittweite $h_k^{x,\max}$ so lange, bis man eine zufriedenstellende Verbesserung erreicht und den nächsten Newton–Punkt

$$\begin{aligned} x^{(k+1)} &= x^{(k)} + h_{k,l}^x \Delta x^{(k)}, \quad \lambda^{(k+1)} = \lambda^{(k)} + h_{k,l}^x \Delta \lambda^{(k)}, \\ \mu^{(k+1)} &= \mu^{(k)} + h_k^{\mu,\max} \Delta \mu^{(k)} \end{aligned} \qquad (5.27)$$

akzeptiert. Man beachte, dass die Schrittweite für $\mu^{(k)}$ von denen für $x^{(k)}$ und $\lambda^{(k)}$ abweichen kann. Um zu entscheiden, ob der Fortschritt durch Anwendung der Schrittweite $h_{k,l}^x$ ausreichend ist, führt IPOPT eine *Filter-Methode* durch. Dabei wird $h_{k,l}^x$ akzeptiert, falls entweder der Zielfunktionswert $\varphi_{\alpha_j}(x^{(k+1)})$ oder die Norm der Nebenbedingung $\|g(x^{(k+1)})\|_1$ im Vergleich zu einer bestimmten Menge von vorhergehenden Iteriertem, dem *Filter*, hinreichend verkleinert wird. In [WÄCHTER 2005] wird gezeigt, dass das Gesamtverfahren durch die Filter–Methode global konvergent wird. Eine detaillierte Beschreibung des Verfahrens findet man in der Originalarbeit von Wächter und Biegler [WÄCHTER 2006].

5.2. Direkte Verfahren zur Lösung optimaler Steuerprozesse

In diesem Abschnitt werden direkte Verfahren zur Lösung optimaler Steuerprozesse vorgestellt. Bei diesen Verfahren wird der Steuerprozess durch Diskretisierungsmethoden auf ein endlich–dimensionales Optimierungsproblem zurückgeführt und anschließend mit einem geeigneten Verfahren wie dem in Kapitel 5.1.4 vorgestellten Algorithmus IPOPT gelöst. Ein Vorteil der direkten gegenüber den indirekten Verfahren besteht darin, dass der Nutzer keine tiefgreifenden Kenntnisse über die Theorie optimaler Steuerprozesse benötigt. Außerdem besitzen direkte Verfahren im Vergleich zu den indirekten Verfahren einen recht großen Konvergenzradius. Auf genaue Startschätzungen der Anfangswerte von den adjungierten Variablen kann verzichtet werden. Eine umfassende Zusammenstellung verschiedener direkter Verfahren ist in [BÜSKENS 1998] enthalten. Für einen aktuellen Überblick über dieses Forschungsgebiet sei auf [BETTS 2010] verwiesen.

5.2.1. Diskretisierung eines optimalen Steuerprozesses

Das Ziel einer Diskretisierung besteht darin, einen kontinuierlichen, dynamischen Steuerprozess auf ein endlich–dimensionales Optimierungsproblem zu übertragen. Dieses kann man auf dem Computer numerisch lösen. Die optimale Lösung des diskreten Problems wird dann als Approximation der optimalen Lösung des Steuerprozesses aufgefasst. In diesem Abschnitt wird die Diskretisierung des folgenden optimalen Steuerprozess mit reinen Zustandsbeschränkungen in Mayer–Form vorgestellt,

$$
\begin{aligned}
&\text{Minimiere} \quad F(x,u) = g(x(0), x(T)) \\
&\text{unter} \quad \dot{x} = f(x,u), \quad 0 \leq t \leq T, \\
&\quad \varphi(x(0), x(T)) = 0, \\
&\quad u(t) \in U \subset \mathbb{R}^m \text{ konvex}, \ 0 \leq t \leq T, \\
&\quad S(x(t)) \leq 0, \quad 0 \leq t \leq T,
\end{aligned}
\tag{5.28}
$$

Für die Diskretisierung eines allgemeineren optimalen Multiprozesses (MP) bietet

5.2: Direkte Verfahren zur Lösung optimaler Steuerprozesse

es sich an, diesen zunächst wie in Kapitel 4.2 beschrieben auf einen gewöhnlichen Steuerprozess vom Typ (5.28) zu transformieren und anschließend mit den hier vorgestellten Techniken zu diskretisieren.

Man wähle zunächst ein Zeitgitter $0 = t_0 < t_1 < \cdots < t_{N-1} < t_N = T$. Bei dem diskretisierten Problem betrachtet man den Zustand x und die Steuerung u nur zu diesen Zeitpunkten t_i, $i = 0, \ldots, N$. Somit liefert auch die optimale Lösung des diskreten Problems nur Näherungen der optimalen Lösung von (5.28) in diesen Zeitpunkten. Interessiert man sich für Zwischenwerte in einem Intervall $[t_{i-1}, t_i]$, so lassen sich diese zum Beispiel durch Interpolation näherungsweise bestimmen. Häufig unterteilt man das Zeitintervall $[0, T]$ in $N + 1$ äquidistante Gitterpunkte $t_i = i \cdot h$ mit der Schrittweite $h = \frac{T}{N}$. Unter Umständen ist es sinnvoll, eine variable Schrittweite zuzulassen und diese an die Charakteristik des Problems anzupassen, siehe [HORN 1989] oder [BETTS 1996]. Nachfolgend bezeichnen x_i und u_i die Näherungswerte des Zustands x bzw. der Steuerung u in den Zeitpunkten t_i,

$$x_i \approx x(t_i), \qquad u_i \approx u(t_i).$$

Der Steuerprozess (5.28) kann mit diesen Vereinbarungen wie folgt in diskretisierter Form dargestellt werden:

$$\begin{aligned}
\text{Minimiere} \quad & g(x_0, x_N) \\
\text{unter} \quad & x_{i+1} = x_i + hf(x_i, u_i), \quad i = 0, \ldots, N-1, \\
& \varphi(x_0, x_N) = 0, \\
& u_i \in U, \quad i = 0, \ldots, N, \\
& S(x_i) \leq 0, \quad i = 0, \ldots, N.
\end{aligned} \qquad (5.29)$$

Statt des Euler–Verfahrens zur Integration der Dynamik kann natürlich auch ein Verfahren von höherer Ordnung genutzt werden, wie das Heun–Verfahren mit Ordnung 2 oder das klassischen Runge–Kutta–Verfahren mit Ordnung 4, siehe beispielsweise [BÜSKENS 1998] oder [DONTCHEV 2000b]. In der Regel benötigt man jedoch bei Einschritt–Verfahren höherer Ordnung Näherungswerte der Steuerung u an Zwischenpunkten des Zeitgitters. Dies lässt sich prinzipiell durch die Interpolation mit konstanten, linearen oder kubischen Splines realisieren.

Die numerischen Berechnungen in Kapitel 6 haben gezeigt, dass bei Steuerprozessen mit linear auftretender Steuerung durch eine Diskretisierung mit dem Euler–Verfahren die bang–bang Eigenschaft der optimalen Lösung präziser widergegeben werden kann als durch Verfahren höherer Ordnung. Dort führt die Berücksichtigung von Näherungswerten an mehreren Zwischenpunkten bei der Integration zu einer Glättung des Graphens der optimalen Steuerung in den Schaltpunkten.

Die folgende Diskussion beschränkt sich auf die Diskretisierung der Differentialgleichung mittels des einfachen Euler–Verfahrens. Bei dem Prinzip der vollen Diskretisierung eines optimalen Steuerprozesses muss der Anwender den Steuerprozess in der Regel zunächst „per Hand" auf ein finites Optimierungsproblem transformieren. Das hochdimensionale nichtlineare Optimierungsproblem muss dann in geeigneter Form auf den Rechner übertragen werden, um es mit einem numerischen Verfahren wie IPOPT lösen zu können. Solche Probleme können hunderttausende Optimierungsvariablen und ebensoviele Nebenbedingungen besitzen.

Für die effiziente Implementierung gibt es spezielle Software–Produkte, wie die Modellierungssprachen AMPL ([FOURER 2003]) oder GAMS ([KALLRATH 2004]). Diese stellen ein nutzerfreundliches Interface dar und ermöglichen eine unkomplizierte Formulierung der Optimierungsprobleme. Die Syntax ist leicht verständlich. Ein weiterer Vorteil bei der Verwendung von AMPL besteht in der automatischen Differentiation vom Zielfunktion und der Funktionen der Nebenbedingungen, siehe [GAY 1991]. Dadurch entfällt die Bereitstellung der Gradienten oder sogar höheren Ableitungen, welche von fast allen Large–Scale Solver bei der Suche nach der nächsten Iterierten benötigt werden.

5.2.2. Konsistenz der Lagrange–Multiplikatoren

In diesem Abschnitt werden die notwendigen Optimalitätsbedingungen 5.6 von Karush, Kuhn und Tucker für den diskretisierten Steuerprozess (5.29) ausgewertet. Zwecks übersichtlicher Notation liege ein skalarer Steuerbereich $U = [u_{\min}, u_{\max}]$ vor. In der Standardform (5.1) lautet das diskretisierte Optimierungsproblem damit

$$\begin{aligned}
&\text{Minimiere} \quad g(x_0, x_N) \\
&\text{unter} \quad x_{i+1} - x_i - hf(x_i, u_i) = 0, \quad i = 0, \ldots, N-1, \\
&\quad\quad\quad \varphi(x_0, x_N) = 0, \\
&\quad\quad\quad u_i - u_{\max} \leq 0, \quad i = 0, \ldots, N, \\
&\quad\quad\quad -u_i + u_{\min} \leq 0, \quad i = 0, \ldots, N, \\
&\quad\quad\quad S(x_i) \leq 0, \quad i = 0, \ldots, N.
\end{aligned} \quad (5.30)$$

Die Optimierungsvariablen $x_i \in \mathbb{R}^n$ und $u_i \in \mathbb{R}$ lassen sich zu Vektoren

$$X := (x_0^T, \ldots, x_N^T)^T \in \mathbb{R}^{n(N+1)}, \quad U := (u_0, \ldots, u_N)^T \in \mathbb{R}^{(N+1)}$$

zusammenfassen. Mit den Lagrange–Multiplikatoren

$$\lambda = (\lambda_1, \ldots, \lambda_N) \in \mathbb{R}^{nN}, \quad \lambda_i \in \mathbb{R}^n, \quad i = 1, \ldots, N,$$

$$\mu = (\mu_0, \ldots, \mu_N) \in \mathbb{R}^{k(N+1)}, \quad \mu_i \in \mathbb{R}^k, \quad i = 0, \ldots, N,$$

$$\rho^{(1)} \in \mathbb{R}^{N+1}, \quad \rho^{(2)} \in \mathbb{R}^{N+1}, \quad \nu \in \mathbb{R}^s,$$

5.2: Direkte Verfahren zur Lösung optimaler Steuerprozesse

lautet die Lagrange–Funktion für dieses Problem

$$L(X, U, \lambda, \nu, \rho^{(1)}, \rho^{(2)}, \mu) = g(x_0, x_N) + \sum_{i=0}^{N-1} \lambda_{i+1} (x_{i+1} - x_i - hf(x_i, u_i))$$

$$+ \nu \varphi(x_0, x_N) + \sum_{i=0}^{N} \left(\rho_i^{(1)}(u_i - u_{\max}) + \rho_i^{(2)}(-u_i + u_{\min}) \right) + \sum_{i=0}^{N} \mu_i S(x_i).$$

Unter der Voraussetzung der Regularität liefern die notwendigen Optimalitätsbedingungen die Gleichungen

$$0 = L_{x_0}(\ldots) = g_{x_a}(x_0, x_N) - \lambda_1 - \lambda_1 h f_x(x_0, u_0)$$
$$+ \nu \varphi_{x_a}(x_0, x_N) + \mu_0 S_x(x_0),$$
$$0 = L_{x_i}(\ldots) = \lambda_i - \lambda_{i+1} - \lambda_{i+1} h f_x(x_i, u_i) + \mu_i S_x(x_i),$$
$$i = 1, \ldots, N-1,$$
$$0 = L_{x_N}(\ldots) = g_{x_e}(x_0, x_N) + \lambda_N + \nu \varphi_{x_e}(x_0, x_N) + \mu_N S_x(x_N),$$
$$0 = L_{u_i}(\ldots) = -\lambda_{i+1} h f_u(x_i, u_i) + \rho_i^{(1)} - \rho_i^{(2)},$$
$$i = 1, \ldots, N-1,$$
$$0 = L_{u_N}(\ldots) = \rho_N^{(1)} - \rho_N^{(2)}.$$

Die Vorzeichenbedingung (5.5) ergibt ferner

$$\mu_i = 0, \quad \text{falls} \quad S(x_i) < 0, \quad i = 0, \ldots, N$$
$$\rho_i^{(1)} = 0, \quad \text{falls} \quad u_i < u_{\max}, \quad i = 0, \ldots, N,$$
$$\rho_i^{(2)} = 0, \quad \text{falls} \quad u_i > u_{\min}, \quad i = 0, \ldots, N.$$

Unter der Annahme $S(x_N) < 0$, welche in Anwendungen oft durch Randbedingungen an den Zustand gegeben ist — so auch in Kapitel 6.2 bei der Diskussion des Voice coil–Motors — verschwindet daher insbesondere der Multiplikator μ_N, so dass sich aus den Optimalitätsbedingungen die Gleichung

$$\lambda_N = -g_{x_e}(x_0, x_N) - \nu \varphi_{x_e}(x_0, x_N)$$

ergibt. Diese Gleichung entspricht dem diskreten Analogon der Transversalitätsbedingung (3.39). Für $u_{\min} < u_i < u_{\max}$ ergibt sich wegen $\rho_i^{(1)} = \rho_i^{(2)} = 0$ und $h > 0$ außerdem $\lambda_{i+1} f_u(x_i, u_i) = 0$. Diese Beziehung repräsentiert die aus der Minimumbedingung folgende Eigenschaft $H_u[t] = 0$ für $u(t) \in \text{int}(U)$. Schließlich erhält man die Gleichungen

$$(\lambda_{i+1} - \lambda_i)/h = -\lambda_{i+1} f_x(x_i, u_i) + h \mu_i S_x(x_i), \quad i = 1, \ldots, N-1,$$

welche als einfache Rückwärts–Differenzenquotienten zur Approximation der adjungierten Differentialgleichung (3.37) zu verstehen sind. Man beachte dabei, dass die Näherungen μ_i der Multiplikator–Funktion $\mu(t)$ zur direkten Ankopplung der Zustandsbeschränkung mit der Schrittweite h skaliert werden müssen, d.h.

$$\mu(t_i) \approx h \cdot \mu_i.$$

Es lässt sich also insgesamt festhalten, dass die notwendigen Optimalitätsbedingungen des diskretisierten Steuerprozesses (5.29) (in Form der KKT–Bedingungen aus Satz 5.6) mit den notwendigen Optimalitätsbedingungen des Steuerprozesses (5.28) (in Form des erweiterten Minimumprinzips, Satz 3.17) konsistent sind.

Basierend auf dieser Tatsache lässt sich die Konvergenz der diskretisierten Lösung gegen die optimale Lösung des Steuerprozesses untersuchen. Hierzu sei auf die Arbeit [MALANOWSKI 1998b] von Malanowski, Büskens und Maurer in Verbindung mit [MAURER 1979c] und [IOFFE 1979] verwiesen.

5.2.3. Steuerprozesse mit bang–bang Steuerungen

In diesem Abschnitt wird auf Besonderheiten bei der numerischen Behandlung von optimalen Steuerprozessen mit linear eingehender Steuerung und bang–bang Struktur eingegangen. Die Theorie solcher Steuerungsprobleme wird in Kapitel 2.4 diskutiert. Prinzipiell lassen sich solche Probleme auch mit den gerade beschriebenen direkten Verfahren numerisch lösen. Falls mit Hilfe dieses Ansatzes die Struktur der optimalen Lösung, d.h. die Abfolge von bang–bang Intervalle, bekannt ist, so kann man in einem zweiten Schritt diese Erkenntnis ausnutzen und die Schaltpunkte der optimalen Steuerung direkt optimieren. Dadurch lassen sich die optimalen Schaltpunkte mit einer sehr hohe Genauigkeit bestimmen.

Für die folgenden Überlegungen wird ein Steuerprozess in Mayer–Form zu Grunde gelegt:

$$\begin{aligned}
&\text{Minimiere} \quad g(x(0), x(T)) \\
&\text{unter} \quad \dot{x} = f(x, u), \quad 0 \leq t \leq T, \\
&\qquad\quad \varphi(x(0), x(T)) = 0, \\
&\qquad\quad u(t) \in U, \quad 0 \leq t \leq T.
\end{aligned} \qquad (5.31)$$

Die Steuervariable u trete in f linear auf. Der Einfachheit halber liege ein skalarer Steuerbereich $U = [u_{\min}, u_{\max}]$ vor und die Endzeit T sei frei. Die optimale Steuerung u^* besitze s Schaltpunkte t_j^*, $j = 1, \ldots, s$ mit

$$0 = t_0^* < t_1^* < \cdots < t_s^* < t_{s+1}^* = T^*$$

5.2: Direkte Verfahren zur Lösung optimaler Steuerprozesse

und es gelte $u^*(t) \equiv u_j^*$ für $t \in [t_{j-1}^*, t_j^*]$, $u_j^* \in \{u_{\min}, u_{\max}\}$, $j = 1, \ldots, s, s+1$.

Formulierung als Multiprozess

Bevor im folgenden Abschnitt die direkte Schaltpunktoptimierung vorgestellt wird, geht es zunächst um die formale Darstellung eines Steuerprozesses mit bang–bang Steuerung als optimalen Multiprozess. Man betrachtet die freien Variablen $t_1, \ldots, t_s$, $t_{s+1} = T$ mit

$$0 =: t_0 < t_1 < \cdots < t_s < t_{s+1} = T.$$

Die Steuerung lässt sich vollständig aus dem Problem eliminieren, indem man das Problem als Multiprozess bezüglich der Intervalle $[t_j, t_{j+1}]$, $j = 0, \ldots, s$, darstellt und die Steuervariable u in der Dynamik von (5.31) durch die Werte u_j^* ersetzt, d.h.

$$\dot{x} = f^{(j)}(x) := f(x, u_j^*), \quad t \in [t_j, t_{j+1}].$$

Das Problem (5.31) lautet dann als Multiprozess

$$\begin{aligned}
&\text{Minimiere} \quad g(x_0, x(T)) \\
&\text{unter} \quad \dot{x} = f^{(j)}(x) \text{ für fast alle } t \in [t_j, t_{j+1}],\ j = 0, \ldots, s, \\
&\quad \varphi(x(t_0), x(T)) = 0.
\end{aligned}$$

Dieses Problem lässt sich wieder durch die Zeitskalierung (4.7) und die Aufstockung des Zustands in ein äquivalentes Problem auf dem festen Zeitintervall $[0, 1]$ transformieren.

Direkte Schaltpunktoptimierung

Falls die Abfolge der bang–bang Intervalle bekannt ist, lassen sich die Schaltpunkte zwischen den einzelnen Teilstücken sehr effizient und mit hoher Genauigkeit direkt optimieren. Die Idee der direkten Schaltpunktoptimierung besteht darin, das Problem (5.31) auf ein äquivalentes endlich–dimensionales Optimierungsproblem in den Variablen $t_1, \ldots t_s, t_{s+1}$ zu übertragen. Man definiert die von diesen Variablen abhängige Steuerung und den Zustand,

$$\begin{aligned}
u(t) &:= u(t; t_1, \ldots, t_s) = u_j^* \text{ für } t \in [t_j, t_{j+1}],\ j = 0, \ldots, s, \\
x(t) &:= x(t; t_1, \ldots, t_s) \\
&= \text{Lösung der AWA} \begin{cases} \dot{x}(t) = f(x(t), u_j) \text{ für } t \in [t_j, t_{j+1}], \\ x(0) = x_0, \end{cases}
\end{aligned}$$

wobei $x_0 \in \mathbb{R}^n$ im allgemeinen Fall als zusätzlicher Optimierungsvektor aufgefasst wird. Mit den Bezeichnungen

$$\begin{aligned} z &:= (x_0, t_1, \ldots, t_{s+1}), \\ G(z) &:= g(x_0, x(t_{s+1}; t_1, \ldots, t_s)), \\ \Phi(z) &:= \varphi(x_0, x(t_{s+1}; t_1, \ldots, t_s)) \end{aligned}$$

lautet das zu dem Steuerproblem äquivalente Optimierungsproblem

Minimiere $G(z)$ unter $\Phi(z) = 0$. (5.32)

Bei der numerischen Behandlung eines solchen Problems mit NUDOCCCS geht man in der Regel nach der „arc parametrization method" vor und betrachtet als Optimierungsvariablen statt der Schaltpunkte t_j die Intervalllängen $\xi_j := t_j - t_{j-1}$, $j = 1, \ldots, s+1$. Dieser Ansatz wird in [KAYA 1996] und [MAURER 2005] vorgestellt. Um auch singuläre Teilstücke berücksichtigen zu können, berechnet man wie in Abschnitt 2.4 erläutert die singuläre Steuerung und setzt an den entsprechenden Positionen in der Dynamik den feedback–Ausdruck für diese Steuerung ein, siehe dazu [VOSSEN 2010]. Allerdings lässt sich nicht jede singuläre Steuerung durch einen feedback–Ausdruck darstellen, weshalb dieses Vorgehen nicht bei allen Prozessen mit linear eingehenden Steuerungen anwendbar ist. Falls man bei einem zustandsbeschränkten Problem (ZP), bei dem die Steuervariable linear auftritt, einen feedback–Ausdruck $u(t) = u_{\text{rand}}(x(t))$ für die Steuerung auf Randstücken herleiten kann, so lässt sich analog zum Vorgehen bei singulären Steuerungen die Steuervariable in der Dynamik eliminieren.

Bei der Optimierung der Anwendungsmodelle in Kapitel 6 wurde im Falle einer linear auftretenden Steuerung folgendermaßen vorgegangen. Zunächst wurde der optimale Steuerprozess diskretisiert und das resultierende nichtlineare Problem mit AMPL und IPOPT gelöst, siehe [FOURER 2003] und [WÄCHTER 2006]. Anschließend wurde gemäß der arc parametrization–Methode in NUDOCCCS, vgl. [BÜSKENS 1996], eine direkte Schaltpunktoptimierung durchgeführt und die hinreichenden Optimalitätsbedingungen zweiter Ordnung aus Satz 2.21 überprüft sowie verschiedene Sensitivitäten berechnet.

5.3. Indirekte Verfahren zur Lösung optimaler Steuerprozesse

Zur numerischen Lösung der Anwendungsprobleme in Kapitel 6 wurden die im vorigen Kapitel erläuterten direkten Verfahren genutzt. Der Vollständigkeit halber wer-

5.3: Indirekte Verfahren zur Lösung optimaler Steuerprozesse

den in diesem Abschnitt kurz die wesentlichen Aspekte der zweiten Klasse, der *indirekten Verfahren*, dargestellt. Bei der Lösung von optimalen Steuerprozessen mit indirekten Verfahren besteht die Idee darin, den Steuerprozess mit Hilfe des Minimumprinzips von Pontryagin auf ein Randwertproblem zu übertragen. In Abschnitt 2.5 wurde diese Methodik für Steuerprozesse mit regulärer Hamilton–Funktion erläutert. Man eliminiert unter Ausnutzung der Regularität und der Minimumbedingung die Steuervariable u aus der Dynamik und der adjungierten Differentialgleichung und erhält ein Randwertproblem in den Variablen $x \in \mathbb{R}^n$ und $\lambda \in \mathbb{R}^n$,

$$\begin{aligned} \dot{x} &= f(x, u^*(x, \lambda)) =: h_1(x, \lambda), \\ \dot{\lambda} &= -H_x(x, \lambda, u^*(x, \lambda)) =: h_2(x, \lambda)^T, \end{aligned}$$

Die Randbedingungen sind durch die Randbedingungen des Zustands und die Transversalitätsbedingungen gegeben. Die Anwendung indirekter Verfahren erfordert umfangreiche Kenntnisse der Theorie optimaler Steuerprozesse. Außerdem werden zur Lösung des Randwertproblems relativ genaue Startschätzungen der adjungierten Funktion benötigt, welche oft schwierig herzuleiten sind. Andererseits zeichnet sich die berechnete Lösung durch eine sehr hohe Genauigkeit aus.

5.3.1. Das Einfach–Schießverfahren

In diesem Abschnitt gehen wir von folgendem Randwertproblem aus.

Definition 5.13 (Randwertproblem). Seien $f : \mathbb{R}^n \to \mathbb{R}^n$ und $\psi : \mathbb{R}^n \times \mathbb{R}^n \to \mathbb{R}^s$. Unter einem Randwertproblem (RWP) versteht man die Aufgabe, eine Lösung $x : [0, T] \to \mathbb{R}^n$ der Differentialgleichung

$$\dot{x}(t) = f(x(t)) = \begin{pmatrix} f_1(x_1(t), x_2(t), \ldots, x_n(t)) \\ f_2(x_1(t), x_2(t), \ldots, x_n(t)) \\ \vdots \\ f_n(x_1(t), x_2(t), \ldots, x_n(t)) \end{pmatrix}, \quad 0 \leq t \leq T, \quad (5.33)$$

zu bestimmen, die den Randbedingungen

$$\psi(x(0), x(T)) = 0, \quad (5.34)$$

genügt.

Eines der Standardverfahren zur Lösung von Randwertproblemen ist das Einfach–Schießverfahren. Bei diesem Verfahren betrachtet man statt des Randwertproblems (5.33), (5.34) das Anfangswertproblem

$$\dot{x}(t) = f(x(t)), \quad x(0) = s \in \mathbb{R}^n. \quad (5.35)$$

Es sei $x(t;s)$ die Lösung dieses Anfangswertproblems in Abhängigkeit von dem Parameter $s \in \mathbb{R}^n$. Das Ziel des Einfach–Schießverfahrens ist die Bestimmung des Parameters $\bar{s}$, für welchen die Abbildung $x(t;\bar{s})$ die Randbedingungen (5.34) erfüllt. Der gesuchte Parameter $\bar{s}$ ist Nullstelle der Funktion

$$F(s) := \psi(s, x(T;s)). \qquad (5.36)$$

Zur numerischen Bestimmung einer Nullstelle dieser Abbildung $F : \mathbb{R}^n \to \mathbb{R}^s$ lässt sich das (modifizierte) Newton–Verfahren verwenden. Dieses Verfahren besitzt einen vergleichsweise großen Konvergenzradius. In jedem Iterationsschritt muss dabei das Anfangswertproblem (5.35) durch ein geeignetes Einschritt- oder Mehrschrittverfahren gelöst werden. Eine ausführliche Darstellung des Einfach–Schießverfahrens findet man z.B. in [BULIRSCH 1971] und [STOER 2005].

5.3.2. Die Mehrzielmethode

Die mit dem Einfach–Schießverfahren berechnete Lösung $x(t;s)$ des Anfangswertproblems (5.35) hängt sehr empfindlich von dem Parameter $s \in \mathbb{R}^n$ ab. Der Approximationsfehler im Zeitpunkt $t \in [0, T]$ hängt im Wesentlichen von dem Abstand von t zum Anfangszeitpunkt ab. Bei großen Intervallen $[0, T]$ ist es daher unter Umständen schwierig, den Parameter s so zu bestimmen, dass die Lösung $x(t;s)$ auf dem gesamten Intervall der gesuchten Lösung des Randwertproblems (5.33), (5.34) entspricht. Die Idee der Mehrzielmethode besteht darin, durch Unterteilung des Intervalls $[0, T]$

$$0 = t_0 < t_1 < \cdots < t_{N-1} < t_N = T$$

und simultane Anwendung des Einfach–Schießverfahren auf jedem der Teilintervall $[t_{i-1}, t_i]$ die Konvergenzeigenschaften zu verbessern. Hierzu bezeichne $x(t;t_i,s_i)$ die Lösung des Anfangswertproblems

$$\dot{x}(t) = f(x(t)),\ t_i \leq t \leq t_{i+1},\ x(t_i) = s_i \in \mathbb{R}^n,\ i = 0, \ldots, N-1. \qquad (5.37)$$

Die stetige Lösung $x(t)$ des ursprünglichen Randwertproblems soll sich durch Zusammensetzung der Lösungen $x(t;t_i,s_i)$ der einzelnen Anfangswertprobleme ergeben, d.h.

$$x(t) = x(t;t_i,s_i),\quad t_i \leq t \leq t_{i+1},\quad i = 0, \ldots, N-1.$$

Bei der Mehrzielmethode werden die Parameter s_i so bestimmt, dass die zusammengesetzte Funktion $x(t)$ in den Gitterpunkten t_i stetig ist und die Randbedingung

5.3: Indirekte Verfahren zur Lösung optimaler Steuerprozesse

(5.34) erfüllt. Es werden also die Bedingungen

$$x(t_{i+1}; t_i, s_i) = s_i, \quad i = 0, \ldots, N-1,$$
$$\psi(s_0, x(t_N; t_{N-1}, s_{N-1})) = 0$$

berücksichtigt. Mit der Bezeichnung $s = (s_0, \ldots, s_{N-1})$ ist also eine Nullstelle der Funktion

$$F(s) := \begin{pmatrix} x(t_1; t_0, s_0) - s_1 \\ \vdots \\ x(t_{N-1}; t_{N-2}, s_{N-2}) - s_{N-1} \\ \psi(s_0, x(t_N; t_{N-1}, s_{N-1})) \end{pmatrix} \qquad (5.38)$$

zu bestimmen. Hierzu lässt sich wieder das modifizierte Newton–Verfahren verwenden. In jedem Iterationsschritt sind N Anfangswerte zu lösen. Außerdem erfordert die numerische Approximation der Jacobi–Matrix $DF(s)$ weitere Lösungen von Anfangswertproblemen. Es existieren jedoch ausgereifte Techniken zur Reduzierung dieses Rechenaufwands. So wird in der Regel nicht die Jacobi–Matrix selbst eingesetzt, sondern lediglich eine leicht zu berechnende Näherungsmatrix. Die Mehrzielmethode hat sich als robustes und zuverlässiges Verfahren zur Lösung von Randwertproblemen bewährt. Sie ist beispielsweise implementiert in der FORTRAN–Routine BNDSCO, siehe [OBERLE 1989]. Dieses Verfahren wurde ausgiebig in der Literatur untersucht, vergleiche [BULIRSCH 1971], [BOCK 1984] und [STOER 2005].

6. Anwendungsmodelle

In diesem Kapitel wird die Theorie der vorangegangen Abschnitte auf praktische Modelle angewendet. Im Vordergrund steht dabei die Diskussion und Auswertung der notwendigen und hinreichenden Optimalitätsbedingungen. Die theoretischen Resultate sollen anhand von numerisch berechneten Lösungen überprüft werden.
Zunächst wird in Abschnitt 6.1 die optimale Steuerung eines Roboterarms untersucht. Der betrachtete Multiprozess besitzt reine Zustandsbeschränkungen und ist wegen seiner vergleichsweise geringen Komplexität gut geeignet, um das Minimumprinzip (4.6) detailliert auszuwerten und mit den numerischen Ergebnissen zu vergleichen.
Abschnitt 6.2 handelt von der optimalen Steuerung eines Servomotors. Bei der Modellierung muss eine Coulombsche Reibungskraft berücksichtigt werden, die auf Unstetigkeiten in der Dynamik führt. Folglich fällt auch dieses Problem in die Klasse optimaler Multiprozesse. Reine Zustandsbeschränkungen dienen der Einhaltung physikalischer Rahmenbedingungen. Die Steuerung erfolgt mit zwei unterschiedlichen Zielsetzungen. Einerseits interessiert man sich für eine zeitoptimale Lösung des Problems, was auf eine optimale bang–bang Steuerung führt, siehe Abschnitt 2.4. Andererseits versucht man, die zugeführte Energie zu minimieren. Dieser Ansatz liefert ein Problem mit regulärer Hamilton–Funktion und stetiger optimaler Steuerung. Die Trajektorien der optimalen Lösung wurden in einem Testlabor des Institut für Prozess– und Produktionsleittechnik an der TU Clausthal unter realen Bedingungen validiert.
Das nächste Anwendungsmodell entstammt dem Gebiet der Werkzeugmaschinen, bei welchen die Vibrationsdämpfung von beteiligten Systemkomponenten von Bedeutung ist. Diese Zielsetzung lässt sich einerseits durch reine Zustandsbeschränkungen realisieren und andererseits durch die Minimierung eines sogenannten Penalty–Funktionals, das große Schwingungen in den entsprechenden Variablen bestraft.
Das letzte Modell entstammt dem Gebiet der Kernspinresonanz–Spektroskopie. Basierend auf der zeitabhängigen Schrödinger–Gleichung wird ein optimaler Steuer-

prozess vorgestellt, mit Hilfe dessen die zeitoptimale Überführung eines gekoppelten Spin–Systems in einen gewünschten Zielzustand bestimmt wird.

6.1. Optimale Steuerung eines einachsigen Roboterarms

In diesem Abschnitt wird ein relativ einfaches Anwendungsmodell untersucht, bei welchem ein optimaler Wechsel zwischen zwei gegebenen Dynamiken zu einem unbekannten Zeitpunkt $t_1 \in [0, T]$ gesucht wird. t_1 wird daher bei der Optimierung als zusätzliche Optimierungsvariable aufgefasst. Dieser Modelltyp ist typisch für viele Anwendungsgebiete wie beispielsweise der mehrstufigen Raketensteuerung ([HAGUE 1965]) oder der Investmentplanung ([TOMIYAMA 1985]). Die geringe Komplexität dieses Modells erlaubt eine detaillierte Auswertung des erweiterten Minimumprinzips und einen anschließenden Vergleich dieser Informationen mit den numerischen Resultaten.

Das Problem besteht darin, einen Roboterarm der Masse m_1 mit einer einzigen translatorischen Achse so zu steuern, dass er in minimaler Zeit aus der Ruhelage heraus eine Last der Masse m_2 von einem Startpunkt $a \in \mathbb{R}$ zu einem vorgegebenem Ziel $b \in \mathbb{R}$ befördert und anschließend zum Ausgangspunkt zurückkehrt. Die Bilder 6.1(a) und 6.1(b) zeigen einen typischen Roboterarm. Allerdings werden für das Optimierungsproblem die dort abgebildeten Rotationsachsen vernachlässigt und die Diskussion auf eine lineare Translationsachse beschränkt. Mehrachsige Roboterarme können in ähnlicher Weise mathematisch modelliert werden. Der Zustand des Roboterarms zum Zeitpunkt $t \in [0, T]$ ist gegeben durch die beiden Variablen

- $x_1(t)$: Position des Roboterarms,
- $x_2(t)$: Geschwindigkeit des Roboterarms,

die zu einem Vektor $x(t) = (x_1(t), x_2(t))^T$ zusammengefasst werden. Die Endzeit T sei frei. Als skalare Steuerung $u(t)$ betrachtet man die Beschleunigungskraft, welche auf den Roboterarm einwirkt. Diese Kraft ist beschränkt durch den Steuerbereich $U = [-u_{\max}, u_{\max}]$. Die Randbedingungen für den Zustand lauten

$$x_1(0) = x_2(0) = x_1(T) = x_2(T) = 0. \tag{6.1}$$

Des Weiteren sei $t_1 \in [0, T]$ der unbekannte Zeitpunkt, zu welchem der Roboterarm die Last am Ziel b ablegt. Die Position $x_1(t)$ ist natürlich stetig in allen Punkten, was insbesondere die Innere–Punkt–Bedingung

$$x_1(t_1^-) = x_1(t_1^+) = b \tag{6.2}$$

6.1: Optimale Steuerung eines einachsigen Roboterarms

(a) Industrieller Greifarm, Fa. Röhm GmbH (b) Roboterarm als Modellbausatz

Abb. 6.1.: Typischer Modellaufbau eines Roboterarms

liefert. Der Impulserhaltungssatz aus der Physik besagt, dass der Gesamtimpuls in einem abgeschlossenem System konstant ist. Für das Modell bedeutet dies, dass der Impuls *vor* dem Ablegen der Last dem Impuls *nach* dem Ablegen entspricht. Dies liefert für den Punkt t_1 die zusätzliche Bedingung $(m_1 + m_2) \cdot x_2(t_1^-) = m_1 \cdot x_2(t_1^+)$ oder umgeformt

$$x_2(t_1^+) = \frac{m_1 + m_2}{m_1} x_2(t_1^-). \tag{6.3}$$

Es ist also ein Sprung in der Zustandsvariablen x_2 zum Zeitpunkt t_1 möglich. Die Dynamik ist durch die Bewegungsgleichung gegeben und lautet

$$\dot{x}_1(t) = x_2(t), \tag{6.4}$$

$$\dot{x}_2(t) = \begin{cases} \frac{1}{m_1+m_2} u(t) & \text{für } 0 \leq t < t_1, \\ \frac{1}{m_1} u(t) & \text{für } t_1 \leq t \leq T. \end{cases} \tag{6.5}$$

Schließlich soll aus physikalischen Gründen die maximale Geschwindigkeit des Roboterarms beschränkt werden. Dies führt auf eine reine Zustandsbeschränkung der Gestalt $|x_2(t)| \leq c$ mit einem $c > 0$. In der üblichen Standardform $S(x(t)) \leq 0$ lautet diese Beschränkung

$$S_1(x(t)) = x_2(t) - c \leq 0 \quad \text{und} \quad S_2(x(t)) = -x_2(t) - c \leq 0, \quad t \in [0, T].$$

Der Einfachheit halber seien die Masse des Roboterarms m_1 und die Masse der Transportlast m_2 normiert, d.h., es gelte $m_1 = m_2 = 1$. Als Startpunkt wähle man $a = 0$ und als Zielpunkt $b = 6$. Die betragsmaximale Geschwindigkeit liege bei $c = 2$. Der optimale Multiprozess zur Minimierung der Prozessdauer lautet dann

$$\begin{aligned}
\text{Minimiere} \quad & F(x,u) = T \\
\text{unter} \quad & \dot{x}_1(t) = x_2(t), \\
& \dot{x}_2(t) = \begin{cases} \frac{1}{2} u(t), & \text{für } 0 \leq t < t_1, \\ u(t), & \text{für } t_1 \leq t \leq T, \end{cases} \\
& x_1(0) = x_2(0) = x_1(T) = x_2(T) = 0, \\
& x_1(t_1^-) = x_1(t_1^+) = 6, \quad x_2(t_1^+) = 2 \cdot x_2(t_1^-), \\
& |x_2(t)| \leq 2, \quad \text{für } t \in [0,T], \\
& |u(t)| \leq 1, \quad \text{für } t \in [0,T].
\end{aligned} \qquad (6.6)$$

Zur numerischen Lösung dieses Problems wurde der Multiprozess (6.6) nach dem Prinzip der vollen Diskretisierung mittels Heun–Verfahren und $N = 10000$ Gitterpunkten auf ein hochdimensionales nichtlineares Optimierungsproblem übertragen, siehe Kapitel 5.2.1. Dieses wurde in AMPL implementiert und durch den Innere–Punkte–Solver IPOPT gelöst, vergleiche [FOURER 2003] bzw. [WÄCHTER 2006]. Die optimalen Zustandstrajektorien, die optimale Steuerung sowie die adjungierten Funktionen λ_1 und λ_2 und die Multiplikator–Funktionen μ_1 und μ_2 sind in Abbildung 6.2 dargestellt. Es gilt $x_2(t) \equiv -c$ entlang eines Randstücks $[t_2, t_3]$, siehe Abbildung 6.2(b). Der optimale Schaltpunkt t_1, die Eintritts- und Austrittspunkte t_2 und t_3 des Randstücks und die optimale Endzeit T lauten

$$t_1 = 6.329019, \quad t_2 = 8.928204, \quad t_3 = 9.931532, \quad T = 11.92321. \qquad (6.7)$$

Für das Problem (6.6) sind notwendige Optimalitätsbedingungen gegeben durch das Minimumprinzip für zustandsbeschränkte Multiprozesse gemäß Satz 4.6. Zur Auswertung dieser Bedingungen benötigt man für die beiden Teilintervalle $[0, t_1]$ und $[t_1, T]$ die jeweiligen Hamilton–Funktionen $H^{(1)}$ und $H^{(2)}$ mit $\lambda_0 = 1$:

$$\begin{aligned}
H^{(1)}(x, \lambda, \mu, u) &= 1 + \lambda_1 x_2 + \frac{1}{2} \lambda_2 u + \mu_1(x_2 - c) + \mu_2(-x_2 - c), \\
H^{(2)}(x, \lambda, \mu, u) &= 1 + \lambda_1 x_2 + \lambda_2 u + \mu_1(x_2 - c) + \mu_2(-x_2 - c),
\end{aligned}$$

mit $\lambda = (\lambda_1, \lambda_2) \in \mathbb{R}^2$ und $\mu = (\mu_1, \mu_2) \in \mathbb{R}^2$. Daraus ergibt sich die Schaltfunktion

$$\sigma(t) = \begin{cases} H_u^{(1)}[t] = \frac{1}{2} \lambda_2(t) & \text{für } 0 < t < t_1, \\ H_u^{(2)}[t] = \lambda_2(t) & \text{für } t_1 < t < T. \end{cases} \qquad (6.8)$$

6.1: Optimale Steuerung eines einachsigen Roboterarms

Die adjungierten Funktionen $\lambda_1(t)$ und $\lambda_2(t)$ erfüllen die Differentialgleichungen

$$\begin{aligned}
\dot\lambda_1 &= -H^{(j)}_{x_1}[t] = 0, \\
\dot\lambda_2 &= -H^{(j)}_{x_2}[t] = -\lambda_1 - \mu_1 + \mu_2,
\end{aligned}$$

für $t \in [t_{j-1}, t_j]$, $j = 1, 2$. Für die Auswertung der Transversalitätsbedingungen ist zu beachten, dass wegen der Randbedingungen $x_2(0) = x_2(T) = 0$ die Zustandsbeschränkungen S_1 und S_2 im Anfangs- und Endzeitpunkt nicht aktiv sein können. Allerdings liefern die Transversalitätsbedingungen keine Randbedingungen für λ_1 und λ_2, da neben x_2 auch die Zustandsvariable x_1 gemäß (6.6) fest vorgegebene Randwerte besitzt.

Zu der Auswertung der Sprungbedingung für die adjungierte Funktion λ im Punkt t_1 schreibe man die Innere–Punkte–Bedingung gemäß der Notation aus Kapitel 4 als

$$\varphi^{(1)}(x(t_1^+), x(t_1^-)) = \begin{pmatrix} x_1(t_1^+) - 6 \\ x_1(t_1^+) - x_1(t_1^-) \\ x_2(t_1^+) - 2x_2(t_1^-) \end{pmatrix},$$

wobei man $\varphi^{(1)} : \mathbb{R}^2 \times \mathbb{R}^2 \to \mathbb{R}^3$ als Funktion in den Variablen $(x_a^{(2)}, x_e^{(1)})$ auffasst. Die numerischen Resultate zeigen, dass die Zustandsbeschränkung in t_1 nicht aktiv ist. Daher gilt $\gamma_a^{(1)} = \gamma_a^{(2)} = 0$, d.h., in der Sprungbedingung (4.28) verschwinden die zur Zustandsbeschränkung gehörenden Terme. Mit dem zugehörigen Multiplikator $\rho^{(1)} = (\rho_1^{(1)}, \rho_2^{(1)}, \rho_3^{(1)}) \in \mathbb{R}^3$ erhält man damit

$$\begin{aligned}
\lambda_1(t_1^+) &= \lambda_1(t_1^-) - \rho^{(1)} \left(\frac{\partial}{\partial x_{a,1}^{(2)}} \varphi^{(1)}(x(t_1^+), x(t_1^-)) + \frac{\partial}{\partial x_{e,1}^{(1)}} \varphi^{(1)}(x(t_1^+), x(t_1^-)) \right) \\
&= \lambda_1(t_1^-) - \rho^{(1)} \left((1,1,0)^T + (0,-1,0)^T \right) = \lambda_1(t_1^-) - \rho_1^{(1)}, \\
\lambda_2(t_1^+) &= \lambda_2(t_1^-) - \rho^{(1)} \left(\frac{\partial}{\partial x_{a,2}^{(2)}} \varphi^{(1)}(x(t_1^+), x(t_1^-)) + \frac{\partial}{\partial x_{e,2}^{(1)}} \varphi^{(1)}(x(t_1^+), x(t_1^-)) \right) \\
&= \lambda_2(t_1^-) - \rho^{(1)} \left((0,0,1)^T + (0,0,-2)^T \right) = \lambda_1(t_1^-) + \rho_3^{(1)}.
\end{aligned}$$

Das Minimumprinzip sieht somit Sprünge von beiden Adjungierten im Punkt t_1 vor. Diese Bedingungen werden von den numerischen Ergebnissen bestätigt, siehe Abbildung 6.2(c) und 6.2(d).

Auch im Eintritts- und Austrittspunkt des Randstücks $[t_2, t_3]$ können Unstetigkeiten vorliegen. Da die Zustandsbeschränkung jedoch nur von der Zustandsvariablen x_2 abhängt, betrifft die Sprungbedingung (4.30) auch nur λ_2, d.h. es gilt

$$\lambda_2(\tau^+) = \lambda_2(\tau^-) - \nu(\tau) S_{x_2}(x(\tau)),$$

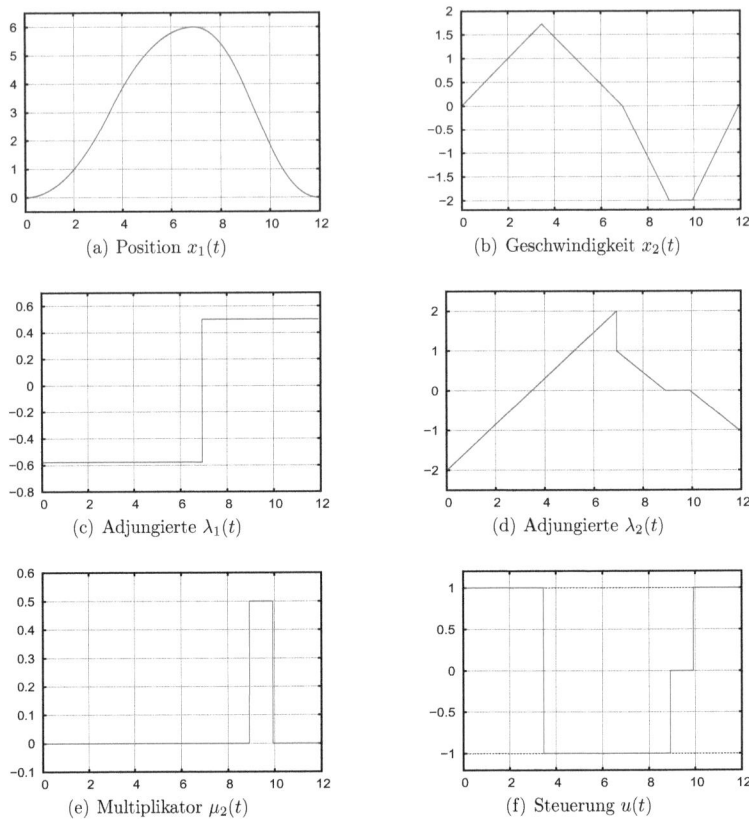

Abb. 6.2.: Zeitoptimale Steuerung des Roboterarms (Problem (6.6)).

mit einem Multiplikator $\nu(\tau) \in \mathbb{R}^2 \geq 0$ und $\tau \in \{t_2, t_3\}$. Die Zustandsbeschränkungen S_1 und S_2 sind auf beiden Teilintervallen $[0, t_1]$ und $[t_1, T]$ von der Ordnung $p = 1$, da u bereits in der jeweils ersten zeitlichen Ableitung explizit auftritt:

$$\begin{aligned} \tfrac{d}{dt} S_1(x) &= \tfrac{1}{2}u, & \tfrac{d}{dt} S_2(x) &= -\tfrac{1}{2}u, & \text{für } t \in [0, t_1], \\ \tfrac{d}{dt} S_1(x) &= u, & \tfrac{d}{dt} S_2(x) &= -u, & \text{für } t \in [t_1, T]. \end{aligned}$$

Für das Randstück $[t_2, t_3] \subset [t_1, T]$ mit $S_2(x(t)) = 0$ ergibt sich daraus die Randsteuerung

$$u_{\text{rand}}(t) = 0, \quad \text{für } t \in [t_2, t_3].$$

Daher gilt $u_{\text{rand}}(t) \in \text{int}(U)$ und somit $\sigma(t) = \lambda_2(t) = 0$ für $t \in [t_2, t_3]$. Insgesamt gilt die Steuervorschrift

$$u(t) = \begin{cases} 1, & \text{für } \lambda_2(t) < 0, \\ 0, & \text{für } \lambda_2(t) = 0, \\ -1, & \text{für } \lambda_2(t) > 0. \end{cases} \qquad (6.9)$$

Diese Beziehung wird durch die numerischen Ergebnisse bestätigt, vergleiche Abbildung 6.2(d) und 6.2(f). Mit $\dot{\lambda}(t) = 0$ erhält man schließlich

$$\mu_1(t) = -\lambda_1(t) \quad \text{und} \quad \mu_2(t) = \lambda_1(t) \qquad (6.10)$$

für $t \in [t_2, t_3]$, siehe dazu die Abbildung 6.2(c) und 6.2(e).

6.2. Optimale Steuerung eines Voice Coil–Motors

Die Mikrosystemtechnik (MEMS — micro electro mechanical systems) beschäftigt sich mit mikromechanischen Bauelementen und mikroelektronischen Schaltungen, welche zu einem komplexen System kombiniert werden. Typischerweise enthält ein solches System verschiedene Aktoren und Sensoren. Als Aktoren werden dabei häufig lineare Elektromotoren eingesetzt. Abbildung 6.3 zeigt den Modellaufbau eines linearen Elektromotors Institut für Prozess– und Produktionsleittechnik der TU Clausthal. Ein wesentliches Einsatzgebietes dieses Aktors liegt im Bereich der Schallwandlertechnik als elektrodynamische Antriebseinheit in Lautsprechern. Daher bezeichnet man ihn als Voice Coil–Motor. Die Aufgabe eines Voice Coil–Motors ist die hochfrequente Umwandlung von elektrischen Impulsen in mechanische Schwingungen, welche über die Lautsprechermembran akustische Schallwellen erzeugen. Weitere Anwendungsmöglichkeiten sind durch die optische Industrie gegeben, wo diese Antriebstechnik vor allem bei hochdynamischen Applikationen wie dem optischen Scannen, Fokussieren oder Stabilisieren eingesetzt wird.

Die bisherigen Untersuchungen von Linearmotoren erfolgten hauptsächlich auf der Grundlage der Regelungstechnik und nicht mit Hilfe der Theorie optimaler Steuerprozesse. Hierbei werden Simulationswerkzeuge wie MATLAB®/Simulink® eingesetzt. Abbildung 6.4 zeigt exemplarisch ein Blockschaltbild zur Simulation des Voice Coil–Motors am Institut für Prozess– und Produktionsleittechnik der TU Clausthal. In industriellen Anwendungen wird die Position dieses Motors normalerweise kaskadiert geregelt mit unterlagertem Geschwindigkeits– und überlagertem Positionsregelkreis. Diese beiden Regelkreise sind im linken Teil des Bildes dargestellt. Die Sollwerte für die Positionsregelung werden von einer numerischen Steuerung (NC —

Numerical Control) generiert. Im mittleren Teil ist eine Repräsentation des elektrischen Stromkreislaufs als Blockschaltbild und im rechten Teil sind die Sensoren zur aktuellen Positionsbestimmung dargestellt. Die Abbildungen 6.5(a) und 6.5(b) zeigen die Ergebnisse des geregelten Voice Coil–Motors auf sprung– und rampenförmige Sollwerte. Daraus wird deutlich, dass die Untersuchung von Linearmotoren mittels Methoden der Regelungstechnik mit einigen Schwierigkeiten verbunden ist.

1. Die Präzision bei der Positionierung von beteiligten Systemkomponenten ist eingeschränkt.

2. Häufig treten durch die sogenannten *closed loop*–Steuerungen der Regelungstechnik unerwünschte Vibrationen und Überschwingungen von einzelnen Komponenten auf, vergleiche Abbildung 6.5(b). Es bedarf sehr „weicher" Sollwerte, wie z.B. einer beschleunigungsbegrenzten Positionsrampe mit kleiner Steigung, um Überschwingen und Vibrationen der Last wirkungsvoll zu vermeiden.

3. Es ist nicht möglich, einen Prozess zeitoptimal zu steuern.

Die Anwendung von Zustandsreglern in Verbindung mit sogenannten Vorsteuer–Filtern kann zwar die Dämpfung verbessern, jedoch bleiben bei entsprechend rauen Sollwerten immer störende Vibrationen zurück. Das Ziel besteht nun darin, durch

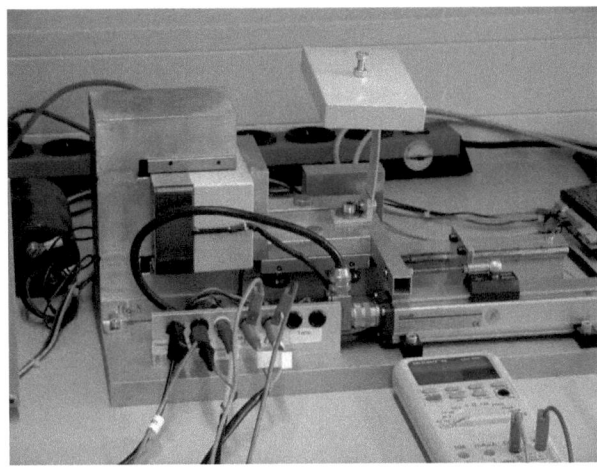

Abb. 6.3.: Modellaufbau eines Voice Coil–Motors zur Simulation über MATLAB und Simulink (Institut für Prozess– und Produktionsleittechnik, TU Clausthal)

6.2: Optimale Steuerung eines Voice Coil–Motors

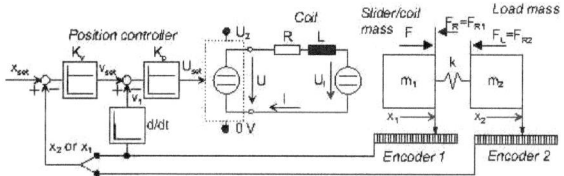

Abb. 6.4.: MATLAB®/Simulink® – Blockschaltbild,
(Institut für Prozess– und Produktionsleittechnik, TU Clausthal)

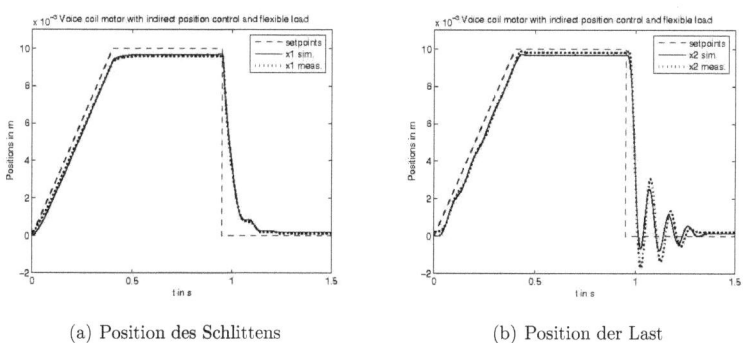

(a) Position des Schlittens (b) Position der Last

Abb. 6.5.: Reales Beschleunigungs– und Bremsverhalten durch Vorgabe von Soll–wert–Kurve für die Position des Schlittens.

die Herleitung eines dynamischen Modells und die numerische Lösung eines darauf aufbauenenden Steuerprozesses, diese Nachteile zu eliminieren. Zunächst werden im folgenden Abschnitt die Modellierung dieses Bauteils beschreiben, ein kleiner Einblick in die physikalischen Abläufe der beteiligten Komponenten gegeben und das Zusammenspiel dieser Einzelkomponenten im Hinblick auf die Dynamik des optimalen Steuerprozesses erläutern.

6.2.1. Modellbeschreibung

Der Voice Coil–Motor besteht im Wesentlichen aus einer beweglichen Spule, die von einem Permanentmagneten umgeben ist. Durch Anlegen einer Spannung U an den Enden des Wicklungsdrahtes entsteht nach den Gesetzen der elektromagnetischen Induktion ein Magnetfeld, welches mit dem Feld des Permanentmagneten in Wechselwirkung tritt und die Spule mitsamt der an ihr befestigten Membraneinheit des

Lautsprechers in Bewegung versetzt. Die Membran erzeugt dadurch Schallwellen, welche der Mensch akustisch wahrnehmen kann, sofern die Frequenz dieser Wellen in einem hörbaren Bereich liegen.

Wie bereits in den einführenden Worten erwähnt, basieren diese Arbeiten auf einem Laboraufbau des Voice Coil–Motors am Institut für Prozess– und Produktionsleittechnik der TU Clausthal. Abbildung 6.3 zeigt diesen Modellaufbau. Es lassen sich sämtliche beteiligte Einzelkomponenten erkennen. Die Spule befindet sich in dem Wirkungsfeld eines Permanentmagneten und ist mit einem *beweglichen Schlitten* verbunden, dessen Bahn durch eine lineare Führung gegeben ist. Man fasst Spule und Schlitten zu einer Masse m_1 zusammen. Außerdem ist an dem Schlitten eine Last der Masse m_2 mittels einer beweglichen Feder angekoppelt. Wird an den Enden des Wicklungsdrahtes der Spule eine Spannung U angelegt, so erzeugt diese Spule ein magnetisches Feld, welches mit dem Magnetfeld des Permanentmagneten in Wechselwirkung tritt und auf den Schlitten eine Beschleunigungkraft ausübt. Der Bewegungsrichtung entgegengesetzt wirkt die Reibungskraft F_R der Führung. Sämtliche Modellparameter sind in der Tabelle 6.1 aufgeführt. Eine Messvorrichtung dient der exakten Bestimmung der Position $x_1(t)$ des Schlittens. Der Zustand des betrachteten Systems lässt sich zu jedem Zeitpunkt $t \in [0, T]$ durch die folgenden fünf Komponenten beschreiben:

- $x_1(t)$: Position des Schlittens,

- $v_1(t)$: Geschwindigkeit des Schlittens,

- $x_2(t)$: Position der elastisch angekoppelten Last,

- $v_2(t)$: Geschwindigkeit der elastisch angekoppelten Last,

- $I(t)$: Stromstärke.

Man fasst diese Komponenten zum Zustandsvektor $x = (x_1, v_1, x_2, v_2, I)^T \in \mathbb{R}^5$ zusammen. Zu beachten ist hierbei, dass die übliche Bezeichnungsweise x_i für die i-te Zustandskomponente zu vermeiden ist, um Komplikationen bei der Notation aus dem Weg zu gehen, da die Variablen x_1 und x_2 für die Ortskoordinaten des Schlittens bzw. der angekoppelten Last verwendet werden. Die fünf Zustandskomponenten entsprechen den fünf Energieträger des Systems. Die Ortsvariablen $x_1(t)$ und $x_2(t)$ stellen jeweils potentielle Energien dar, während die Geschwindigkeiten $v_1(t)$ und $v_2(t)$ Energien in kinetischer Form repräsentieren. Schließlich lässt sich durch die Stromstärke $I(t)$ nach den Gesetzen der elektromagnetischen Induktion auf eine magnetische Energie schließen. Im Folgenden wird die Systemdynamik $\dot{x}(t) = f(x(t), u(t))$ komponentenweise hergeleitet. Die Geschwindigkeit $v_i(t)$ eines Objektes ist die zeitliche Ableitung des Weges $x_i(t)$ zum Zeitpunkt t, was auf die

6.2: Optimale Steuerung eines Voice Coil–Motors

beiden einfachen Differentialgleichungen

$$\dot{x}_1(t) = \frac{d}{dt}x_1(t) = v_1(t), \tag{6.11}$$

$$\dot{x}_2(t) = \frac{d}{dt}x_2(t) = v_2(t), \tag{6.12}$$

führt. Die zeitlichen Ableitungen der Geschwindigkeiten $v_1(t)$ bzw. $v_2(t)$ stellen die Beschleunigungen des Schlittens bzw. der angekoppelten Last dar und setzen sich aus verschiedenen Komponenten zusammen. Auf den Schlitten wirken die folgenden drei Beschleunigungskräfte ein.
Die Lorenzkraft $K_F \cdot I(t)$ stellt die Motorkraft dar, wobei K_F eine Motor-spezifische Kraftkonstante K_F ist, welche vor allem von der Magnetfeldstärke des Permanentmagneten und der Windungszahl der Spule abhängt. Die Beschleunigungskraft des Motors ist also proportional zur Stromstärke I, mit welcher dieser bestromt wird.
Die zweite Kraft, die auf den Schlitten einwirkt, ist die Federkraft $K \cdot (x_1(t) - x_2(t))$. Das Hookesche Gesetz besagt, dass die rücktreibende Kraft einer Feder proportional zur Auslenkung l ist. Der Proportionalitätsfaktor ist durch eine Federkonstante K gegeben. Die Feder verbindet die Massen m_1 und m_2 und ist somit Ruhelage, falls $x_1(t) = x_2(t)$. Daher ist die Auslenkung $l(t)$ der Feder durch die Differenz $x_1(t) - x_2(t)$ gegeben.
Schließlich wird noch die Coulombsche Reibungskraft berücksichtigt. Reibung entsteht, wenn zwei sich berührende Körper relativ zueinander bewegt werden. Die Coulombsche Reibungskraft wirkt der relativen Bewegungsrichtung entgegen. Da der Schlitten sich durch die Führung nur in einer Dimension fortbewegen kann, hängt die Coulombsche Reibungskraft lediglich vom Vorzeichen der Geschwindigkeit des Schlittens ab, d.h. man erhält mit einer Reibungskonstanten F_R die Kraft

DSPACE Sampling–Rate	$T_S = 0.1\,\mathrm{ms}$
Masse von Spule und Schlitten	$m_1 = 1.03\,\mathrm{kg}$
Masse der elastisch angekoppelten Last	$m_2 = 0.56\,\mathrm{kg}$
Federkonstante	$K = 2.4\,\mathrm{kN/m}$
Kraftkonstante des Motors	$K_F = 12\,\mathrm{N/A}$
Spannungskonstante des Motors	$K_S = 12\,\mathrm{Vs/m}$
Reibungskraft der Führung	$F_R = 2.1\,\mathrm{N}$
Ohm'scher Widerstand der Spule	$R = 2\,\Omega$
Induktivität der Spule	$L = 2\,\mathrm{mH}$

Tab. 6.1.: Modellparameter des Voice Coil–Motors

$F_R \cdot \text{sign}(v_1(t))$. Hierbei ist

$$\text{sign}(v_1) := \begin{cases} +1, & \text{falls } v_1 > 0, \\ 0, & \text{falls } v_1 = 0, \\ -1, & \text{falls } v_1 < 0. \end{cases} \qquad (6.13)$$

Nach dem Superpositionsprinzip wirkt auf den Schlitten die folgende Gesamtkraft

$$F(t) = K_F \cdot I(t) - K \cdot (x_1(t) - x_2(t)) - F_R \cdot \text{sign}(v_1(t)) \qquad (6.14)$$

ein. Die Beschleunigung des Schlittens ergibt sich dann durch das zweite Newtonsche Axiom zu

$$\dot{v}_1(t) = \frac{1}{m_1} F(t) = \frac{1}{m_1} (K_F \cdot I(t) - K \cdot (x_1(t) - x_2(t)) - F_R \cdot \text{sign}(v_1(t))). \qquad (6.15)$$

Durch die Signumfunktion auf der rechten Seite von (6.15) erhält die Dynamik des Systems einen Term, welcher unter Umständen für Unstetigkeitsstellen bzgl. der Zustandsvariablen v_1 sorgt. Ob die Komponente v_1 im Laufe des Steuerprozesses das Vorzeichen wechselt, hängt von dem gewählten Zielfunktional und dem vorgegebenen Steuerbereich U ab, siehe Abschnitt 6.2.2. Die Problematik einer unstetigen Dynamik führt zu der Verwendung von optimalen Multiprozessen. Gilt $v_1(t) \geq 0$ für alle $t \in [0, T]$, so vereinfacht sich (6.15) zu

$$\dot{v}_1(t) = \frac{1}{m_1} (K_F \cdot I(t) - K \cdot (x_1(t) - x_2(t)) - F_R)). \qquad (6.15\,\text{a})$$

Insgesamt erhält man ein lineares System mit konstanten Koeffizienten.
Auf die elastisch angekoppelte Last m_2 wirkt ausschließlich die Federkraft $K \cdot (x_1(t) - x_2(t))$. Allerdings kehrt sich nun das Vorzeichen der Auslenkung um, so dass die Federkraft die Masse m_2 in die entgegengesetzte Richtung beschleunigt. Es ergibt sich in Analogie zu obiger Überlegung

$$\dot{v}_2(t) = \frac{d}{dt} v_2(t) = \frac{K}{m_2} \cdot (x_1(t) - x_2(t)). \qquad (6.16)$$

Zur Herleitung der Dynamik für die Stromstärke $I(t)$ werden nun die elektrischen Vorgänge im Stromkreis gemäß Abbildung 6.7 erläutert. Eine wichtige Rolle spielt die 2. Kirchhoffsche Regel, die sogenannte „Maschenregel". Sie macht Aussagen über die Energieerhaltung in einem geschlossenen elektrischen Stromkreis. Demnach addieren sich sämtliche Teilspannungen eines Stromkreises zu Null, d.h. bei n Teilspannungen U_j, $j = 1, \ldots, n$, eines elektrischen Gleichstromnetzes gilt die Formel $\sum_{j=1}^{n} U_j = 0$. Der physikalische Hintergrund dieses Gesetzes basiert auf der Tatsache, dass sich in einem geschlossenen Stromkreis sämtliche Potentialdifferenzen (= Spannungen) gegenseitig ausgleichen. Der Stromkreis des Voice Coil–Modells enthält

6.2: Optimale Steuerung eines Voice Coil–Motors

vier relevante Teilspannungen. Zunächst ist eine Speisespannung U_0 nötig, die von außen an den Stromkreis angelegt wird und mit welcher der Motor betrieben wird. Die Spule besitzt einen elektrischen Widerstand der Größe R. Fließt ein Strom der Stärke I durch die Spule, so gilt nach dem Ohmschen Gesetz, dass an den Enden des Wicklungsdrahtes eine Spannung $U_1 = R \cdot I$ anliegt. Wenn sich die Spule relativ zu dem Wirkungsfeld des Permanentmagneten bewegt, wird außerdem durch die elektromagnetische Induktion eine Spannung $U_2 = K_S \cdot v_1$ erzeugt. Der Proportionalitätsfaktor K_S hängt von dem konstanten Magnetfeld des Permanentmagneten und der Wicklungszahl der Spule ab. Neben der durch den Permanentmagneten induzierten Spannung tritt bei elektrischen Spulen stets auch eine weitere induzierte Spannung aufgrund der sogenannten Selbstinduktion auf. Diese ist proportional zur Änderung des Stromes und ihre Polarität ist der Erregerspannung, also der für den Stromfluß verantwortlichen Spannung, entgegengesetzt. Der Proportionalitätsfaktor ist hierbei gegeben durch die Induktivität der Spule L und hängt wiederum von konstanten, Spulen–spezifischen Größen ab. Demzufolge gilt für die von der Spule selbstinduzierte Spannung $U_3 = L \cdot \frac{d}{dt} I$. Wendet man nun die Kirchhoffsche Maschenregel auf den Stromkreis aus Abbildung 6.7 an, so erhält man mit U_1, U_2 und U_3 sowie unter Beachtung der unterschiedlichen Polaritäten der verschiedenen Spannungen

$$U_0(t) = U_1(t) + U_2(t) + U_3(t) = R \cdot I(t) + K_S \cdot v_1(t) + L \cdot \frac{d}{dt} I. \quad (6.17)$$

Dies liefert die Dynamik für I:

$$\dot{I}(t) = \frac{d}{dt} I = \frac{1}{L} \left(U_0(t) - R \cdot I(t) - K_S \cdot v_1(t) \right). \quad (6.18)$$

Im Folgenden entfällt der Index 0 bei der Speisespannung U_0. Da die Spannung, mit welcher der Motor betrieben wird, eine Einflussnahme auf das System (6.19)

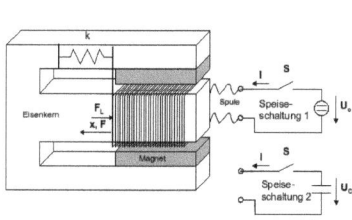

Abb. 6.6.: Prinzipskizze des Voice Coil–Motors, [ZIRN 2006]

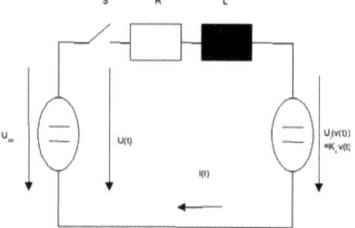

Abb. 6.7.: Stromkreislauf der Spule, [ZIRN 2006]

ermöglicht, stellt sie die Steuerung dar, welche von nun an mit u bezeichnet wird. Der Voice Coil–Motor wird mit Gleichstrom betrieben und für das Modell sei die angelegte Spannung begrenzt durch

$$|u(t)| \leq u_{\max}, \quad 0 \leq t \leq T.$$

Der Übersicht halber sei an dieser Stelle die komplette Dynamik zusammengefasst.

$$\begin{aligned}
\dot{x}_1(t) &= v_1(t), \\
\dot{v}_1(t) &= \frac{1}{m_1}\left(K_F I(t) - K(x_1(t) - x_2(t)) - F_R \operatorname{sign}(v_1(t))\right), \\
\dot{x}_2(t) &= v_2(t), \\
\dot{v}_2(t) &= \frac{K}{m_2}(x_1(t) - x_2(t)), \\
\dot{I}(t) &= \frac{1}{L}\left(u(t) - RI(t) - K_S \cdot v_1(t)\right).
\end{aligned} \qquad (6.19)$$

Zu Beginn des Steuerprozesses befinden sich der Schlitten und die elastisch angekoppelte Last in Ruhelage auf dem Nullpunkt einer eindimensionalen Ortsskala. Zum Endzeitpunkt T sollen sich Schlitten und Last im Punkte $x_1(T) = x_2(T) = 0.01$ befinden, wobei die Geschwindigkeit der beiden Komponenten wieder Null sein soll. Des Weiteren fließe zu Beginn und am Ende des Prozesses kein Strom durch den Kreislauf. Diese führt zu folgenden *Randbedingungen* für den Zustand:

$$\begin{aligned}
&x_1(0) = 0, \quad v_1(0) = 0, \quad x_2(0) = 0, \quad v_2(0) = 0, \; I(0) = 0, \\
&x_1(T) = 0.01, \; v_1(T) = 0, \; x_2(T) = 0.01, \; v_2(T) = 0, \; I(T) = 0.
\end{aligned} \qquad (6.20)$$

Es sind also alle Zustandskomponenten im Anfangs- und Endzeitpunkt fest vorgegeben. Da der Schlitten m_1 eine positive Wegstrecke zurückzulegen hat, ist es naheliegend, dass bei der optimalen Steuerung auch die Geschwindigkeit v_1 überwiegend positiv sein wird. Falls sogar $v_1(t) \geq 0$ für alle $t \in [0,T]$ gilt, so ergibt sich ein lineares System mit konstanten Koeffizienten

$$\dot{x} = A \cdot x + B \cdot u + C, \qquad (6.21)$$

mit

$$A = \begin{pmatrix} 0 & 1 & 0 & 0 & 0 \\ -\frac{K}{m_1} & 0 & \frac{K}{m_1} & 0 & \frac{K_F}{m_1} \\ 0 & 0 & 0 & 1 & 0 \\ \frac{K}{m_2} & 0 & -\frac{K}{m_2} & 0 & 0 \\ 0 & -\frac{K_S}{L} & 0 & 0 & -\frac{R}{L} \end{pmatrix},$$

$$B = (0,0,0,0,1/L)^T, \quad C = (0,-F_R,0,0,0)^T.$$

6.2: Optimale Steuerung eines Voice Coil–Motors

Nimmt die Geschwindigkeit $v_1(t)$ im Laufe des Steuerprozesses negative Werte an, so ergibt sich ein *stückweise* lineares System $\dot{x} = A \cdot x + B \cdot u \pm C$.
Bei der Steuerung dieses Prozesses wurden zwei verschiedene Zielsetzungen verfolgt. Zunächst wurde die Endzeit T minimiert, in welcher der Schlitten samt elastisch angekoppelter Last zum Zielpunkt $x(T) = (0.01, 0, 0.01, 0, 0)^T \in \mathbb{R}^5$ befördert wird und die übrigen Nebenbedingungen aus (6.20) eingehalten werden. Es stellte sich heraus, dass zur Minimierung der Endzeit ein hoher Energieaufwand in Form der angelegten Spannung u notwendig ist. Wie sich im folgenden Abschnitt 6.2.2 zeigen wird, liegt dies an der Linearität des Steuerprozesses und der daraus resultierenden bang–bang Struktur der optimalen Steuerung. Daher wurde zusätzlich untersucht, wie sich die Energiekosten verhalten, wenn zu einer bestimmten Steuerbeschränkung $u_{\max}$ statt der freien eine feste Endzeit T gewählt wird, die geringfügig oberhalb der optimalen Endzeit T_{opt} liegt, d.h. $T = T_{\mathrm{opt}} + \varepsilon$, $\varepsilon > 0$. Dies führt auf das energieminimierende Zielfunktional $F(x,u) = \int_0^T u(t)^2 dt$. Die Wahl des Zielfunktionals hat Folgen auf die Analyse und die Struktur der optimalen Steuerung. So führt das zeitoptimale Zielfunktional auf einen linearen Steuerprozess mit der typischen bang–bang Struktur, während die Minimierung der Energie ein quadratisches Auftreten der Steuerung u in der Hamilton–Funktion bewirkt und in den Bereich der Probleme mit regulärer Hamilton–Funktion und stetiger Steuerung fällt. Man sieht also, dass sich das Modell des Voice Coil–Motors durch leichte Modifikationen des Steuerprozesses dazu eignet, verschiedene Typen optimaler Steuerungen praktisch anwenden zu können. Zusammenfassend lässt sich das Modell durch folgenden optimalen Steuerprozess beschreiben.

$$\text{Minimiere} \quad F(x,u) = T \qquad (6.22\,\mathrm{a})$$

$$\text{bzw.} \quad F(x,u) = \int_0^T u(t)^2 dt, \quad T \text{ fest} \qquad (6.22\,\mathrm{b})$$

unter
$$\dot{x}_1(t) = v_1(t),$$
$$\dot{v}_1(t) = \tfrac{1}{m_1}\left(K_F \cdot I(t) - K \cdot (x_1(t) - x_2(t)) - F_R \cdot \mathrm{sign}(v_1(t))\right),$$
$$\dot{x}_2(t) = v_2(t),$$
$$\dot{v}_2(t) = \tfrac{1}{m_2} K \cdot (x_1(t) - x_2(t)),$$
$$\dot{I}(t) = \tfrac{1}{L}\left(u(t) - R \cdot I(t) - K_S \cdot v_1(t)\right),$$
$$x_1(0) = 0, \quad v_1(0) = 0, \quad x_2(0) = 0, \quad v_2(0) = 0, \quad I(0) = 0,$$
$$x_1(T) = 0.01, \quad v_1(T) = 0, \quad x_2(T) = 0.01, \quad v_2(T) = 0, \quad I(T) = 0,$$
$$-u_{\max} \leq u(t) \leq u_{\max}, \quad 0 \leq t \leq T.$$

6.2.2. Die zeitoptimale Steuerung

In diesem Abschnitt wird der optimale Steuerprozess (6.22 a) mit zeitminimierendem Zielfunktional betrachtet. Für das lineare System (6.21) lässt sich die 5×5 Kalman–Matrix

$$D := (B, AB, A^2B, A^3B, A^4B) \qquad (6.23)$$

mit dem CAS–Programm MAPLE, siehe [KOFLER 2004], ermitteln. Mit den Werten der Modellparameter gemäß Tabelle 6.1 besitzt diese Matrix vollen Rang 5. Daher ist (6.21) vollständig steuerbar auf Teilstücken mit $v_1(t) > 0$ oder $v_1(t) < 0$. In diesem skalaren Fall ist die vollständige Steuerbarkeit äquivalent zur Normalität des Systems, was bedeutet, dass die optimale Steuerung u bang–bang ist. Die numerischen Berechnungen ergaben, dass die optimale Steuerung für beliebige Steuerschranken $u_{\max}$ aus dem physikalisch sinnvollen Bereich $1 \leq u_{\max} \leq 10$ insgesamt fünf bang–bang Intervalle besitzt gemäß der Struktur

$$u(t) = \begin{cases} u_{\max}, & \text{für } 0 \leq t < t_1 \\ -u_{\max}, & \text{für } t_1 \leq t < t_2 \\ u_{\max}, & \text{für } t_2 \leq t < t_3 \\ -u_{\max}, & \text{für } t_3 \leq t < t_4 \\ u_{\max}, & \text{für } t_4 \leq t \leq T \end{cases}. \qquad (6.24)$$

Zur Erfüllung der fünf Endbedingungen für den Zustand sind fünf Freiheitsgrade für die optimale Steuerung notwendig. Diese Freiheitsgrade entsprechen den vier Schaltpunkten $t_1, \ldots, t_4$ und der optimalen Endzeit T. Des Weiteren stellte sich heraus, dass die Geschwindigkeit $v_1(t)$ des Schlittens — also das Argument der Vorzeichen–Funktion in der Dynamik (6.19) — nur für Steuerschranken $u_{\max}$ aus einem gewissen Bereich

$$1.85476 =: u_{\max}^{(1)} \leq u_{\max} \leq u_{\max}^{(2)} := 2.38327 \qquad (6.25)$$

positiv über dem gesamten Intervall $[0, T]$ ist. Für Werte außerhalb dieses Bereichs existiert ein Intervall $[t_1^v, t_2^v]$ mit $t_1 \leq t_1^v \leq t_2 \leq t_2^v \leq t_3$, so dass für $v_1(t)$ gilt

$$v_1(t) = \begin{cases} \geq 0 & \text{für } 0 \leq t \leq t_1^v, \\ < 0 & \text{für } t_1^v < t < t_2^v, \\ \geq 0 & \text{für } t_2^v \leq t \leq T. \end{cases} \qquad (6.26)$$

Ein mögliches Intervall $[t_{k-1}, t_k]$ mit $v_1(t_k) \equiv 0$ widerspricht der intuitiven Vorstellung einer zeitoptimalen Steuerung des Schlittens vom Start– zum Zielpunkt. Es lässt sich jedoch auch wie folgt formal ausschließen.

6.2: Optimale Steuerung eines Voice Coil–Motors

Angenommen es existiert ein solches Intervall $[t_{k-1}, t_k]$ mit $v_1(t) \equiv 0$, $t \in [t_{k-1}, t_k]$. Dann liefert die DGL (6.11) die Gleichung $x_1(t) \equiv x_c \in \mathbb{R}$. Mit sign $(v_1(t)) = 0$ für $t \in [t_{k-1}, t_k]$ und (6.15) ergibt sich die Beziehung $K_F I(t) - K(x_c - x_2(t)) = 0$ bzw. für die Ableitung unter Ausnutzung der Gleichungen (6.12) und (6.18) $K_F(\pm u_{\max} - RI(t)) + Kv_2(t) = 0$. Erneute Differenzierung und Ausnutzung von (6.16), (6.18) sowie $K(x_c - x_2(t)) = K_F I$ liefern die Gleichung $\frac{K_F R}{L^2}(\pm u_{\max} - RI(t)) + \frac{K_F K}{m_2} I(t) = 0$. Somit ist I konstant auf $[t_{k-1}, t_k]$ und daher gilt mit (6.18) $\dot{I}(t) = \pm u_{\max} - RI = 0$. Dies liefert dann $I(t) = 0$ für $t \in [t_{k-1}, t_k]$, was jedoch im Widerspruch zu $\pm u_{\max} - RI(t) = 0$ und $u_{\max} > 0$ steht. Somit kann es kein Teilstück $[t_{j-1}, t_j]$ geben mit $v_1(t) = 0$.

Notwendige Optimalitätsbedingungen

Notwendige Optimalitätsbedingungen für das Problem (6.22 a) sind gegeben durch das Minimumprinzip für Multiprozesse, vergleiche Satz 4.6. Die abschnittweisen Hamilton–Funktionen mit $\lambda_0 = 1$ und einem Zeilenvektor $\lambda = (\lambda_1, \ldots, \lambda_5) \in \mathbb{R}^5$ lauten

$$H^{(1)}(x, \lambda, u) = 1 + \lambda \cdot (A \cdot x + B \cdot u + C), \text{ für } v_1(t) \geq 0, \quad (6.27)$$
$$H^{(2)}(x, \lambda, u) = 1 + \lambda \cdot (A \cdot x + B \cdot u - C), \text{ für } v_1(t) \leq 0. \quad (6.28)$$

Daraus ergeben sich die adjungierten Differentialgleichungen

$$\begin{aligned}
\dot{\lambda}_1 &= \tfrac{K}{m_1}\lambda_2 - \tfrac{K}{m_2}\lambda_4, & \dot{\lambda}_2 &= -\lambda_1 + \tfrac{K_S}{L}\lambda_5, \\
\dot{\lambda}_3 &= -\tfrac{K}{m_1}\lambda_2 + \tfrac{K}{m_2}\lambda_4, & \dot{\lambda}_4 &= -\lambda_3, \\
\dot{\lambda}_5 &= -\tfrac{K_F}{m_1}\lambda_2 + \tfrac{R}{L}\lambda_5,
\end{aligned} \quad (6.29)$$

oder in kompakter Schreibweise $\dot{\lambda} = -\lambda \cdot A$. Die adjungierten Differentialgleichungen hängen nicht von der Reibungskonstanten F_R ab, da der Term $C \cdot \text{sign}(v_1)$ stückweise konstant ist und beim Differenzieren der Hamilton–Funktionen $H^{(1)}$ bzw. $H^{(2)}$ bezüglich x verschwindet. Die Transversalitätsbedingungen liefern keine Randbedingungen für λ, weil der Anfangs– und Endzustand aller Zustandskomponenten vorgegeben ist. Die Auswertung der Minimumbedingung führt zur Vorschrift

$$\sigma(t) \cdot u(t) = \min_{-u_{\max} \leq u \leq u_{\max}} \sigma(t) \cdot u \quad (6.30)$$

mit der Schaltfunktion

$$\sigma(t) = H_u[t] = \frac{1}{L}\lambda_5(t). \quad (6.31)$$

Somit gilt für die optimale Steuerung u die Vorschrift

$$u(t) = \begin{cases} u_{\max}, & \text{falls } \lambda_5(t) < 0, \\ -u_{\max}, & \text{falls } \lambda_5(t) > 0. \end{cases} \quad (6.32)$$

Für Steuerschranken $u_{\max}$ mit $u_{\max}^{(1)} \leq u_{\max} \leq u_{\max}^{(2)}$ liegt ein optimaler Multiprozess vom Typ (MP) vor. Die abschnittsweise verschiedenen Dynamiken sind durch den Reibungsterm $F_R \cdot \text{sign}(v_1(t))$ erklärt. Der Vorzeichenwechsel in den Punkten t_1^v und t_2^v liefert die zusätzlichen Innere–Punkte–Bedingungen

$$v_1(t_1^v) = 0 \quad \text{und} \quad v_1(t_2^v) = 0. \quad (6.33)$$

Gemäß der Sprungbedingung (4.28) bzw. der Folgerung 4.9 kann λ_2 Sprünge in den Punkten t_1^v und t_2^v besitzen. Die numerischen Berechnungen ergeben allerdings, dass die Sprungparameter verschwinden und die Adjungierte λ_2 stetig in t_1^v und t_2^v ist.

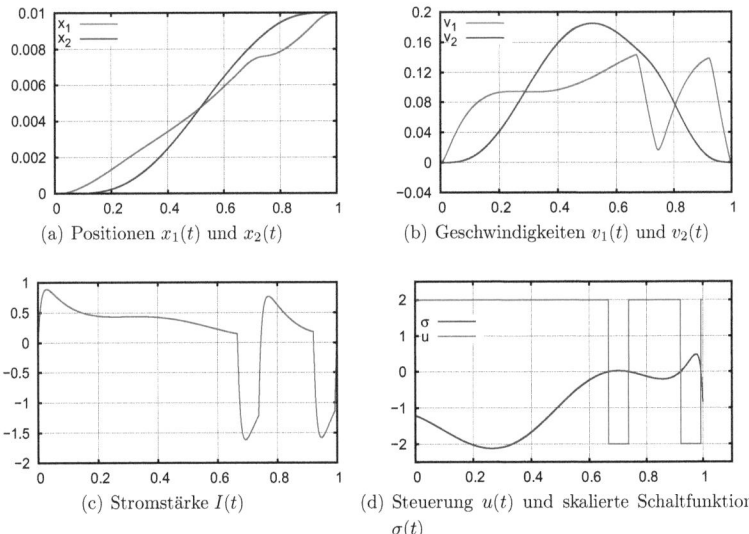

(a) Positionen $x_1(t)$ und $x_2(t)$

(b) Geschwindigkeiten $v_1(t)$ und $v_2(t)$

(c) Stromstärke $I(t)$

(d) Steuerung $u(t)$ und skalierte Schaltfunktion $\sigma(t)$

Abb. 6.8.: $u_{\max} = 2$: Zeitoptimale Lösung auf skaliertem Zeitintervall $[0, 1]$.

Um die unterschiedlichen Strategien bei der Wahl der Steuerschranke $u_{\max}$ gemäß (6.25) zu illustrieren, werden im Folgenden die numerischen Ergebnisse für die Beschränkungen $u_{\max} = 2$ und $u_{\max} = 3$ vorgestellt. Abbildung 6.8 zeigt die Zustandstrajektorien, die Schaltfunktion σ und die Steuerung u der zeitoptimalen Lösung für

6.2: Optimale Steuerung eines Voice Coil–Motors

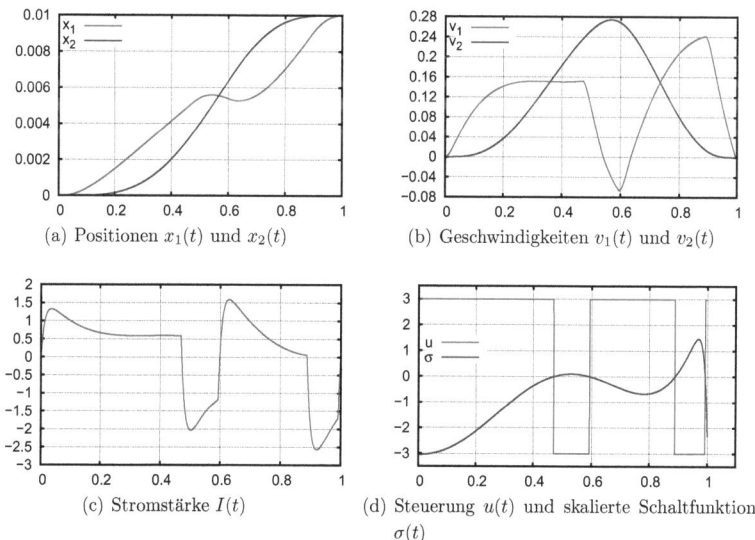

(a) Positionen $x_1(t)$ und $x_2(t)$

(b) Geschwindigkeiten $v_1(t)$ und $v_2(t)$

(c) Stromstärke $I(t)$

(d) Steuerung $u(t)$ und skalierte Schaltfunktion $\sigma(t)$

Abb. 6.9.: $u_{\max} = 3$: Zeitoptimale Lösung auf skaliertem Zeitintervall $[0, 1]$.

die Schranke $u_{\max} = 2$. Hierfür wurde Problem (6.22 a) mittels Euler– oder Heun–Verfahren diskretisiert und das hochdimensionale Optimierungsproblem in AMPL implementiert und mit dem Solver IPOPT gelöst, siehe Kapitel 5.2.1. Man beachte, dass die Geschwindigkeit $v_1(t)$ während der gesamten Prozessdauer positiv ist, siehe Abbildung 6.8(b). Der Coulombsche Reibungsterm in der Dynamik bewirkt in diesem Fall keine Unstetigkeiten. Zur Bestimmung der exakten Schaltzeiten wurde die arc parametrization–Methode in der Fortran–Routine NUDOCCCS implementiert, vergleiche [MAURER 2005] und [BÜSKENS 1996]. Dieser Ansatz liefert die Werte

$$\begin{aligned} &t_1 = 0.0741402, \quad t_2 = 0.0820268, \quad t_3 = 0.101444, \\ &t_4 = 0.110420, \quad T = 0.111184. \end{aligned} \qquad (6.34)$$

Abbildung 6.8(d) stellt die Schaltfunktion σ und die Steuerung u in einem Bild dar, wobei die Schaltfunktion zur besseren Veranschaulichung auf die Größenordnung des Steuerbereichs skaliert wurde. Die Anfangswerte für die Lösung $\lambda(t) \in \mathbb{R}^5$ der adjungierten Differentialgleichungen (6.29) lauten

$$\lambda(0) = (-4.82918, -0.100808, -4.09481, -0.057766, -0.001074). \qquad (6.35)$$

Mit diesen Werte lässt sich nachvollziehen, dass die Schaltfunktion $\sigma = \frac{1}{L}\lambda_5(t)$ das Schaltgesetz (6.32) mit hoher Genauigkeit erfüllt, siehe Abbildung 6.8(d). Der Vollständigkeit halber sind in Tabelle 6.2 für unterschiedliche Steuerbeschränkungen

U_{max}	t_1 ξ_1 $\lVert x_1 - x_2 \rVert_\infty$	t_2 ξ_2 $\lVert v_1 - v_2 \rVert_\infty$	t_3 ξ_3	t_4 ξ_4	t_5 ξ_5
1.0	0.188708 0.188708 0.000584	0.199648 0.010940 0.060390	0.221527 0.021879	0.227224 0.005697	0.228136 0.000912
1.5	0.108020 0.108020 0.001012	0.120790 0.012770 0.110584	0.142574 0.021784	0.149635 0.007061	0.150386 0.000751
1.854	0.084099 0.084099 0.001240	0.093661 0.009562 0.108887	0.112559 0.018898	0.119787 0.007228	0.120540 0.000753
2.0	0.073995 0.073995 0.001609	0.081749 0.007754 0.132352	0.102131 0.020382	0.110107 0.007976	0.110882 0.000775
2.33	0.056952 0.056952 0.002320	0.064381 0.007429 0.205657	0.089439 0.025058	0.098354 0.008915	0.099146 0.000792
3.0	0.041551 0.041551 0.002979	0.052336 0.010785 0.337792	0.078504 0.026168	0.087698 0.009194	0.088494 0.000796
5.0	0.027053 0.027053 0.004054	0.041966 0.014913 0.540601	0.065347 0.023381	0.074265 0.008918	0.075014 0.000749
10.0	0.017631 0.017631 0.005700	0.034265 0.016634 0.868697	0.053578 0.019313	0.061614 0.008036	0.062362 0.000748

Tab. 6.2.: Übersicht der optimalen Schaltpunkte t_i, Intervalllängen $\xi_i = t_i - t_{i-1}$ und maximalen Positions– bzw. Geschwindigkeitsdifferenzen $|x_1(t)-x_2(t)|$ bzw. $|v_1(t) - v_2(t)|$

$u_{\max}$ die mit AMPL/IPOPT berechneten optimalen Schaltpunkte $t_1, \ldots, t_4$, die optimale Endzeit $t_5 := T$, sowie die zugehörigen Intervalllängen $\xi_i = t_i - t_{i-1}$ der

6.2: Optimale Steuerung eines Voice Coil–Motors

bang–bang Steuerung und die maximalen Abstände der Position x_1 des Schlittens zur Position x_2 der angekoppelten Last bzw. die Unterschiede der Geschwindigkeitenen v_1 und v_2 aufgeführt.
Schließlich ergibt sich, dass die 5×5 Jacobi–Matrix der Endbedingungen bezüglich der Schaltzeiten und der freien Endzeit regulär ist. Daher sind die hinreichenden Optimalitätsbedingungen erster Ordnung für diesen zeitoptimalen Steuerprozess erfüllt, siehe [MAURER 2004] und [OSMOLOVSKII 2005].
Abbildung 6.9 zeigt die numerischen Resultate der zeitoptimalen Lösung für die Steuerbeschränkung $u_{\max} = 3$. Für diese Beschränkung gibt es nach (6.25) ein Intervall $[t_v^1, t_v^2]$, so dass $v_1(t) < 0$ für $t_v^1 < t < t_v^2$ gilt. Bei der Schaltpunktoptimierung aus Kapitel 5.2.3 muss man diesen Aspekt berücksichtigen, indem man t_v^1 und t_v^2 als zusätzliche Optimierungsvariablen einführt. Die Ergebnisse bei diesem Ansatz lauten

$$t_1 = 0.0416854, \quad t_1^v = 0.0480052, \quad t_2 = 0.0525894,$$
$$t_2^v = 0.0563559, \quad t_3 = 0.0786491, \quad t_4 = 0.0878590, \quad T = 0.088618.$$
(6.36)

Der Startwert der adjungierten Variablen ergibt sich zu

$$\lambda(0) = (-4.40300, \ -0.065128, \ 1.34424, \ -0.005169, \ -0.00692).$$

Das Schaltgesetz (6.32) wird durch die numerischen Ergebnisse bestätigt, siehe Abbildung 6.9(d).

SSC und Sensitivitätsanalyse

Mithilfe der Fortran–Routine NUDOCCCS kann man die Auswirkungen von Störungen einiger Systemparameter auf die optimale Lösung untersuchen. Dies wird an dieser Stelle für den zeitoptimalen Steuerprozess (6.22 a) mit $u_{\max} = 3$ durchgeführt. Bei der arc parametrization–Methode besteht die Optimierungsvariable aus den 7 Intervalllängen $\xi_j = t_j - t_{j-1}, \ j = 1, \ldots, 7$. In der Dynamik wurde entlang der bang–bang Stücke die Steuerung auf den entsprechenden Wert $\pm u_{\max}$ gesetzt, vergleiche Abschnitt 5.2.3. Es wurden nun beispielhaft als Störparameter die Größen m_2 (Masse der angekoppelten Last) und R (Ohmscher Widerstand der Spule) mit ihren nominellen Werten aus Tabelle 6.1 gewählt. Die Tabelle 6.3 fasst die optimalen Intervalllängen ξ_i und die Sensitivitätsableitungen nach den beiden Parametern zusammen. NUDOCCCS überprüft für dieses 7–dimensionale Optimierungsproblem ebenfalls die hinreichenden Optimalitätsbedingungen 2. Ordnung auf Basis von Satz 2.21. Dazu sind einige Anmerkungen zur Überprüfung der dort angegebenen Bedingung

(3.) $v^T L_{zz}(z^*, \rho) v > 0 \; \forall \, v \in \mathbb{R}^{s+1} \setminus \{0\}$, $\Psi_z(z^*) v = 0$

hilfreich:

i	ξ_i	$d\xi_i/dm_2$	$d\xi_i/dR$
1	0.041685	0.008917	0.010355
2	0.0063199	-0.003495	0.001788
3	0.0045841	0.002253	-0.003302
4	0.0037666	0.007321	-0.002233
5	0.022931	0.001764	0.000936
6	0.0092098	0.001446	0.003410
7	0.00075901	$0.2879e-6$	-0.000449

Tab. 6.3.: $u_{\max} = 3$: Optimierte Intervalllängen $\xi_i = t_i - t_{i-1}$ und ausgewählte Sensitivitätsdifferentiale

1. Satz 2.21 bezieht sich auf den Optimierungsvektor $z = (t_1, \ldots, t_s, t_{s+1})^T$ bestehend aus den *Schaltpunkten* $t_1, \ldots, t_s$ und der freien Endzeit t_{s+1}. Für die Berechnungen mit NUDOCCCS wurde jedoch gemäß der arc parametrization–Methode, vergleiche Kapitel 5.2.3, der Vektor $\tilde{z} = (\xi_1, \ldots, \xi_s, \xi_{s+1})^T$, $\xi_i = t_i - t_{i-1}$, zugrunde gelegt. Man kann zeigen, dass Bedingung *(3.)* genau dann erfüllt ist, wenn die auf das äquivalente Optimierungsproblem in der Variablen $\tilde{z}$ übertragene Bedingung

    (III.) $\quad v^T \tilde{L}_{\tilde{z}\tilde{z}}(\tilde{z}^*, \tilde{\rho}) v > 0 \; \forall \, v \in \mathbb{R}^{s+1} \setminus \{0\}$, $\tilde{\Psi}_{\tilde{z}}(\tilde{z}^*) v = 0$

    erfüllt ist. Weitere Informationen hierzu findet man in [MAURER 2005].

2. Die Hesse–Matrix $\tilde{L}_{\tilde{z}\tilde{z}}(\tilde{z}^*, \tilde{\rho})$ muss also positiv definit auf dem Kern der $r \times (s+1)$–Matrix $\tilde{\Psi}_{\tilde{z}}(\tilde{z}^*)$ sein. Bildet man aus $s-r+1$ Basisvektoren des Unterraumes $Kern\left(\tilde{\Psi}_{\tilde{z}}(\tilde{z}^*)\right)$ eine $(s+1) \times (s-r+1)$–Matrix N, so ist die numerisch schwierig nachzuprüfende Bedingung *(III.)* äquivalent zu der Forderung

$$N^T \tilde{L}_{\tilde{z}\tilde{z}}(\tilde{z}^*, \tilde{\rho}) N > 0 \text{ (positiv definit)}. \qquad (6.37)$$

NUDOCCCS überprüft die hinreichenden Bedingungen zweiter Ordnung, indem die Positiv-Definitheit dieser *projizierten Hesse–Matrix* $N^T \tilde{L}_{\tilde{z}\tilde{z}}(\tilde{z}^*, \tilde{\rho}) N$ mittels Berechnung der Eigenwerte gezeigt wird. Sind alle Eigenwerte echt positiv, dann sind die Bedingungen (6.37) und somit auch *(3.)* aus Satz 2.21 erfüllt.

6.2: Optimale Steuerung eines Voice Coil–Motors 109

Für die berechneten bang–bang Steuerungen von dem zeitoptimalen Steuerprozess (6.22 a) wird diese Forderung von NUDOCCCS bestätigt und die Optimalität ist somit sichergestellt.

Vergleich der numerischen Lösung mit experimentellen Daten

Die numerisch berechnete Lösung wurde im Testlabor des Instituts für Prozess– und Produktionsleittechnik, TU Clausthal, angewendet, um einen Eindruck vom Systemverhalten unter realen Bedingungen zu bekommen. Hierzu wurden gemäß der DSPACE Sampling–Rate $T_s = 0.1$ ms bei einer Prozessdauer von ungefähr 0.1 Sekunden circa 1000 Werte der optimalen Lösung benutzt. Sowohl für die Schranke $u_{\max} = 2$ als auch für den Wert $u_{\max} = 3$, bei welchem die Zustandskomponente $v_1(t)$ einen Vorzeichenwechsel besitzt und daher Unstetigkeiten in der Dynamik auftreten, ergibt sich eine sehr gute Übereinstimmung der vorgegebenen optimalen Lösung mit dem simulierten Ergebnis mit 1000 Kontrollpunkten und dem experimentellen Verlauf, siehe Abbildung 6.10 und 6.11. Die kleinen Abweichungen zwischen den vorgegebenen und den gemessenen Daten resultieren aus Ungenauigkeiten der auftretenden Reibungskraft und Rauscheffekten der analogen Vorrichtung zur Positionsbestimmung des Schlittens.

Einführung von Zustandsbeschränkungen

Für zunehmende Werte von $u_{\max}$ wächst auch die im Laufe des Steuerprozesses erreichte maximale Entfernung des Schlittens von der Spule, vergleiche Tabelle 6.2. Ebenso werden die maximalen Unterschiede bei den Geschwindigkeiten $v_1(t) - v_2(t)$ größer, weil durch größere Spannungen stärkere Beschleunigungen erzeugt werden können, die sich über die Spule zunächst nur auf den Schlitten und erst mit Verzögerung über die Feder auf die angekoppelte Last auswirken. Die physikalischen Gegebenheiten des Modells fordern jedoch eine Einschränkung der maximalen Auslenkung der Feder. Daher ist es sinnvoll, den Steuerprozess (6.22 a) dahingehend zu erweitern, dass diese Beschränkung der Auslenkung berücksichtigt wird. Dies führt auf die Verwendung von reinen Zustandsbeschränkungen.

Das Ziel einer Beschränkung des Abstands vom Schlitten zur Last lässt sich direkt über eine Zustandsbeschränkung $|x_1(t) - x_2(t)| \leq c_x$, $0 \leq t \leq T$ mit $c_x > 0$ realisieren. Allerdings hat sich durch Berechnungen gezeigt, dass sich die Auslenkung der Feder auch indirekt über die Beschränkung $|v_1(t) - v_2(t)| \leq c_v$, $c_v > 0$ verringern lässt:

$$S_1(x(t)) := v_1(t) - v_2(t) - c_v \leq 0,$$
$$S_2(x(t)) := -v_1(t) + v_2(t) + c_v \leq 0.$$
(6.38)

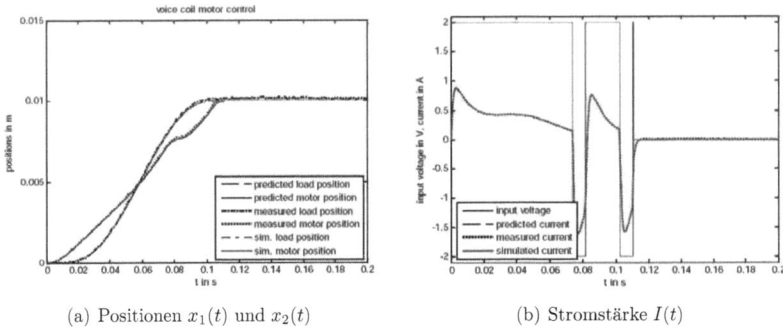

(a) Positionen $x_1(t)$ und $x_2(t)$ (b) Stromstärke $I(t)$

Abb. 6.10.: $u_{\max} = 2$: Vergleich der vorgegebenen (durchgezogene Linie), simulierten (gepunktete Linie) und experimentell ermittelten Lösung (Strichpunktlinie).

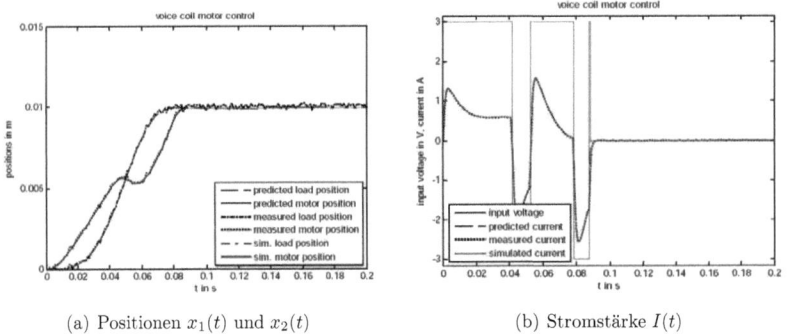

(a) Positionen $x_1(t)$ und $x_2(t)$ (b) Stromstärke $I(t)$

Abb. 6.11.: $u_{\max} = 3$: Vergleich der vorgegebenen (durchgezogene Linie), simulierten (gepunktete Linie) und experimentell ermittelten Lösung (Strichpunktlinie).

Tabelle 6.2 lässt sich entnehmen, dass für die zeitoptimale Steuerung mit $u_{\max} = 3$ die maximale Geschwindigkeitsdifferenz bei $||v_1 - v_2||_\infty = 0.337792$ liegt. Für die Zustandsbeschränkung (6.38) sei die restriktive Schranke $c_v = 0.1$ gegeben. Bei dieser

6.2: Optimale Steuerung eines Voice Coil–Motors

Beschränkung werden sowohl S_1 als auch S_2 aktiv und man erhält daher Randstücke für beide Restriktionen, siehe Abbildung 6.12(a). Die Struktur der optimalen Steuerung u gestaltet sich allerdings durch das Auftreten von Randsteuerungen $u_{\text{rand}}^{(1)}$ (für $S_1 = 0$) und $u_{\text{rand}}^{(2)}$ (für $S_2 = 0$) komplizierter als im Falle der einfachen bang–bang Steuerung (6.24):

$$u(t) = \begin{cases} u_{\max}, & \text{für } 0 \leq t < t_1 \\ -u_{\max}, & \text{für } t_1 \leq t < t_2 \\ u_{\text{rand}}^{(1)}, & \text{für } t_2 \leq t < t_3 \\ u_{\max}, & \text{für } t_3 \leq t < t_4 \\ -u_{\max}, & \text{für } t_4 \leq t < t_5 \\ u_{\max}, & \text{für } t_5 \leq t < t_6 \\ u_{\text{rand}}^{(2)}, & \text{für } t_6 \leq t < t_7 \\ u_{\max}, & \text{für } t_7 \leq t < t_8 \\ -u_{\max}, & \text{für } t_8 \leq t < t_9 \\ u_{\text{rand}}^{(1)}, & \text{für } t_9 \leq t < t_{10} \\ -u_{\max}, & \text{für } t_{10} \leq t < t_{11} \\ u_{\max}, & \text{für } t_{11} \leq t \leq T \end{cases} \qquad (6.39)$$

Der Preis für die Einhaltung der Zustandsbeschränkung $|v_1(t) - v_2(t)| \leq 0.1$ ist natürlich eine deutlich höhere optimale Endzeit $T = 0.098725$. Im Gegensatz zur unbeschränkten Steuerung mit einer Endzeit von $T = 0.088494$ entspricht dies einem Zuwachs von etwa 11.56%. Wählt man weniger restriktive Werte für c_v, so nähert sich die Endzeit der optimalen Zeit aus der unbeschränkten Lösung an.

Für die Randsteuerungen $u_{\text{rand}}^{(1)}$ und $u_{\text{rand}}^{(2)}$ lassen sich explizite feedback–Ausdrücke herleiten. Dazu bestimme man zunächst die Ordnung p der Zustandsbeschränkung (6.38). Wegen der Symmetrieeigenschaften des Zustandsbeschränkung genügt es, nur die Komponente S_1 zu behandeln.

$$\begin{aligned} S_1^0 &= S_1 = v_1 - v_2 - c_v, \\ S_1^1 &= \frac{d}{dt} S_1^0 = \dot{v}_1 - \dot{v}_2 = \frac{1}{m_1} K_F I - \frac{m_1 + m_2}{m_1 m_2} k \, (x_1 - x_2), \\ S_1^2 &= \underbrace{-\frac{R K_F}{L m_1} I - \left(\frac{K_S K_F}{L m_1} + \frac{m_1 + m_2}{m_1 m_2} k \right) v_1 + \frac{m_1 + m_2}{m_1 m_2} k \, v_2}_{=: \, \alpha(x)} + \underbrace{\frac{K_F}{L m_1}}_{=: \, \beta(x)} u. \end{aligned}$$

Also gilt entlang der Randstücke mit $S_1(x) = 0$

$$\frac{d}{du} S_1^k = 0 \text{ für } k = 0, 1 \quad \text{und} \quad \frac{d}{du} S_1^2 = \beta(x) = \frac{K_F}{L m_1} \neq 0.$$

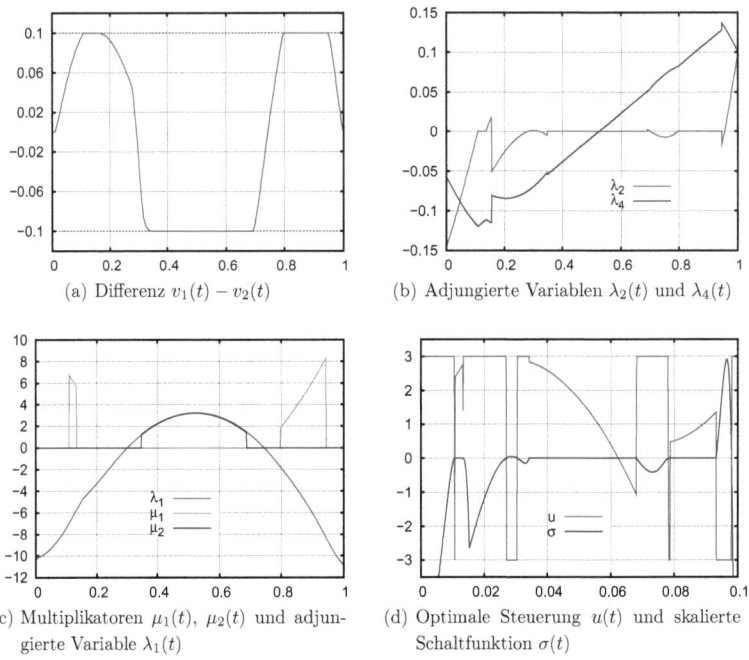

(a) Differenz $v_1(t) - v_2(t)$

(b) Adjungierte Variablen $\lambda_2(t)$ und $\lambda_4(t)$

(c) Multiplikatoren $\mu_1(t)$, $\mu_2(t)$ und adjungierte Variable $\lambda_1(t)$

(d) Optimale Steuerung $u(t)$ und skalierte Schaltfunktion $\sigma(t)$

Abb. 6.12.: $u_{\max} = 3$, $|v_1 - v_2| \leq 0.1$: Zeitoptimale Lösung auf normalisiertem Intervall $[0, 1]$ unter reinen Zustandsbeschränkungen $|v_1(t) - v_2(t)| \leq 0.1$.

Somit ist die Zustandsbeschränkung von der Ordnung $p = 2$ und die Regularitätsbedingung 3.6 erfüllt. Die Randsteuerung $u_{\text{rand}}^{(1)}$ erhält man durch Auflösen der Gleichung $S_1^2(x, u) = 0$ nach u:

$$u_{\text{rand}}^{(1)}(t) = -\frac{\alpha(x(t))}{\beta(x(t))}. \tag{6.40}$$

Wegen $S_1^2 = -S_2^2$ folgt $u_{\text{rand}}^{(2)}(t) = -\frac{\alpha(x(t))}{\beta(x(t))}$. Setzt man diese feedback–Ausdrücke in die Struktur der optimalen Steuerung (6.39) ein, so ließe sich mit den Prinzipien der arc parametrization–Methode ein endlich–dimensionales Optimierungsproblem aufstellen und mit NUDOCCCS eine hochgenaue Schaltpunktoptimierung durchführen. Die notwendigen Optimalitätsbedingungen sind gegeben durch das erweiterte Pontryaginsche Minimumprinzip 3.17. Die erweiterte Hamilton–Funktion erhält man, indem man an die Hamilton–Funktion über einen Multiplikator $\mu \in \mathbb{R}^2$ die Zu-

6.2: Optimale Steuerung eines Voice Coil–Motors

standsbeschränkung ankoppelt:

$$\tilde{H}(x,\lambda,\mu,u) = H(x,\lambda,u) + \mu \cdot S(x)$$

Aus den numerischen Ergebnissen erhält man die Erkenntnis, dass die Voraussetzung $u_{\text{rand}}^{(k)}(t) \in \text{int}(U)$, $k = 1,2$, auf allen Randstücken erfüllt ist, siehe Abbildung 6.12(d). Daher gilt auf Randstücken $H_u[t] = 0$ und somit $\lambda_5(t) = 0$, was ebenfalls durch Abbildung 6.12(d) zum Ausdruck kommt. Dies entspricht dem in Abschnitt 3.6.1 beschriebenen formalen Zusammenhang zwischen singulären Steuerungen und Randsteuerungen. Die Minimumbedingung

$$\tilde{H}(x(t),\lambda(t),\mu(t),u(t)) = \min_{u \in U} \tilde{H}(x(t),\lambda(t),\mu(t),u)$$

liefert auf den inneren Teilstücken formal das Schaltgesetz (6.32).
Die Zustandsbeschränkungen $S_1(x)$ und $S_2(x)$ können offensichtlich nicht gleichzeitig aktiv sein. Auf den zwei Randstücken $[t_2, t_3]$ und $[t_9, t_{10}]$ gilt $S_2(x(t)) < 0$ und daher $\mu_2 = 0$. Die adjungierte Differentialgleichung

$$\dot{\lambda}(t) = -\tilde{H}_x[t] = -H_x[t] - \mu(t)\, S_x(x(t))$$

erhält durch die Ankoppelung der Zustandsbeschränkung lediglich Änderungen gegenüber dem unbeschränkten Fall in den Komponenten

$$\dot{\lambda}_2 = -\tilde{H}_{v_1}[t] = -\lambda_1 + \frac{K_S}{L}\lambda_5 - \mu_1, \tag{6.41}$$

$$\dot{\lambda}_4 = -\tilde{H}_{v_2}[t] = -\lambda_3 + \mu_1, \tag{6.42}$$

da S nur von den Zuständen v_1 und v_2 abhängt. Entlang der Randstücke gilt $\dot{\lambda}_5(t) = -\frac{K_F}{m_1}\lambda_2 + \frac{R}{L}\lambda_5 = 0$ und daher auch $\lambda_2(t) = 0$. Schließlich erhält man wegen $\dot{\lambda}_2(t) = 0$ aus Gleichung (6.41) die Beziehung

$$\mu_1(t) = -\lambda_1(t), \quad \text{für } t \in [t_2, t_3] \cup [t_9, t_{10}]. \tag{6.43}$$

Analog hierzu lässt sich für das Randstück $[t_6, t_7]$ die Beziehung $\mu_2(t) = \lambda_1(t)$ herleiten, so dass der Multiplikator $\mu = (\mu_1, \mu_2)$ gegeben ist durch

$$\mu_1(t) = \begin{cases} -\lambda_1(t), & \text{für } t \in [t_2, t_3] \cup [t_9, t_{10}], \\ 0, & \text{sonst}. \end{cases} \tag{6.44}$$

$$\mu_2(t) = \begin{cases} \lambda_1(t), & \text{für } t \in [t_6, t_7], \\ 0, & \text{sonst}. \end{cases} \tag{6.45}$$

Diese Beziehungen werden durch die numerischen Ergebnisse bestätigt, siehe Abbildung 6.12(c). Die bei optimalen Steuerprozessen mit Zustandsbeschränkungen möglichen Unstetigkeiten der adjungierten Funktionen treten nur bei λ_2 und λ_4 auf, was daran liegt, dass die Beschränkung S nur von der zweiten und vierten Zustandskomponente abhängt. Gemäß der Sprungbedingung (3.41) gilt

$$\lambda_2(t_i^+) = \lambda_2(t_i^-) - \nu(t_i),$$
$$\lambda_4(t_i^+) = \lambda_4(t_i^-) + \nu(t_i),$$

mit $\nu(t_i) \geq 0$, für die Eintritts- und Austrittspunkte t_2, t_3, t_9 und t_{10} der Zustandsbeschränkung S_1 sowie

$$\lambda_2(t_i^+) = \lambda_2(t_i^-) + \nu(t_i),$$
$$\lambda_4(t_i^+) = \lambda_4(t_i^-) - \nu(t_i),$$

mit $\nu(t_i) \geq 0$, für die Eintritts- und Austrittspunkte t_6 und t_7 der Zustandsbeschränkung S_2, siehe Abbildung 6.12(b).

6.2.3. Die energieminimale Steuerung

In diesem Abschnitt wird der Steuerprozess (6.22 b) behandelt. Der wesentliche Unterschied zu dem zeitminimierenden Steuerprozess (6.22 a) besteht in dem nichtlinearen Auftreten der Steuerung u in der Hamilton–Funktion, was auf ein Problem mit regulärer Hamilton–Funktion führt. Man hat also nun keine bang–bang Struktur zu erwarten, sondern es wird sich zeigen, dass u stetig ist. Die einzige Änderung bei der Hamilton–Funktion gegenüber dem zeitoptimalen Fall ist durch das energieminimale Zielfunktional begründet, da die Dynamik unverändert bleibt, d.h.

$$H(x, \lambda, u) = u^2 + \lambda(Ax + Bu + C \operatorname{sign}(v_1)). \tag{6.46}$$

Es gilt $H_u = 2u + \frac{1}{L}\lambda_5$ und $H_{uu} = 2$. Also ist H regulär und die eindeutig bestimmte Minimalstelle der Abbildung $u \to H(x, \lambda, u)$ ist gegeben durch

$$u^*(x, \lambda) = \arg \min_{|u| \leq u_{\max}} H(x, \lambda, u) = -\frac{1}{2L}\lambda_5. \tag{6.47}$$

Da der Steuerbereich $U = [-u_{\max}, u_{\max}]$ eine kompakte Menge ist, erwartet man typischerweise eine Zusammensetzung aus inneren Teilstücken mit $|u(t)| < u_{\max}$

6.2: Optimale Steuerung eines Voice Coil–Motors

und Randstücken mit $|u(t)| = u_{\max}$. Aus (6.47) erhält man die Vorschrift

$$u^*(x, \lambda) = \text{Projektion von } -\frac{1}{2L}\lambda_5 \text{ auf } [-u_{\max}, u_{\max}]$$

$$= \begin{cases} -u_{\max}, & \text{falls } -\frac{1}{2L}\lambda_5 \leq -u_{\max}, \\ -\frac{1}{2L}\lambda_5, & \text{falls } -u_{\max} \leq -\frac{1}{2L}\lambda_5 \leq u_{\max}, \\ u_{\max}, & \text{falls } -\frac{1}{2L}\lambda_5 \geq u_{\max}. \end{cases}$$

So ergeben sich bei der Steuerbeschränkung $u_{\max} = 3$ und der festen Endzeit $T = 0.09$ (zum Vergleich: $T_{\text{opt}} = 0.08849$) insgesamt vier Randstücke, die durch drei innere Teilstücke voneinander getrennt sind, siehe Abbildung 6.13(d),

$$u(t) = \begin{cases} u_{\max}, & \text{für } t \in [0, t_1], \\ -\frac{1}{2L}\lambda_5, & \text{für } t \in [t_1, t_2], \\ u_{\max}, & \text{für } t \in [t_2, t_3], \\ -\frac{1}{2L}\lambda_5, & \text{für } t \in [t_3, t_4], \\ -u_{\max} & \text{für } t \in [t_4, t_5], \\ -\frac{1}{2L}\lambda_5, & \text{für } t \in [t_5, t_6], \\ u_{\max} & \text{für } t \in [t_6, T]. \end{cases} \quad (6.48)$$

Führt man schließlich auch die Zustandsbeschränkung (6.38) in das energieminimale System ein und wählt als feste Endzeit $T = 0.1$ (optimale Endzeit $T = 0.098725$) für $u_{\max} = 3$ und $c_v = 0.1$, vermischen sich die Teilstücke der Struktur (6.39) von der zeitoptimalen, zustandsbeschränkten Steuerung mit der Struktur der energieminimalen Steuerung (6.48) mit dessen inneren Teilstücken, so dass man eine komplizierte Abfolge von Randstücken bzgl. der Steuerbeschränkung mit $|u(t)| = u_{\max}$, Randstücken bzgl. der Zustandsbeschränkung mit $u_{\text{rand}}(t) = -\frac{\alpha(x(t))}{\beta(x(t))}$ sowie inneren Teilstücken mit $u(t) = -\frac{1}{2L}\lambda_5(t)$ erhält.

Prüfung der hinreichenden Optimalitätsbedingungen

Es wird nun gezeigt, dass für die berechnete Lösung des Steuerprozesses, welche den notwendigen Optimalitätsbedingungen des erweiterten Minimumprinzips 3.12 genügt, auch die hinreichenden Bedingungen aus Satz 3.20 erfüllt sind. Dazu sind die dort angegebenen Konvexitätsforderungen (i) – (iv) unter der üblichen Normalitätsforderung $\lambda_0 = 1$ nachzuprüfen:

(i) Es gilt $g(x) = 0$, da das Zielfunktional nur aus dem Integral $\int_0^T u(t)^2 dt$ besteht. Insbesondere ist $g(x)$ konvex.

(ii) Der Endzustand ist fest vorgegeben, d.h. es gilt

$$\psi(x(T)) = x(T) - \bar{x}_T, \text{ mit } \bar{x}_T = (0.01, 0, 0.01, 0, 0)^T.$$

Somit ist $\psi(x)$ eine affin–lineare Abbildung.

(iii) Mit $S_1(x) = v_1 - v_2 - c_v$ bzw. $S_2(x) = -v_1 + v_2 - c_v$ ist auch die Zustandsbeschränkung S konvex.

(iv) Die minimierte Hamilton–Funktion erhält man, indem man in der Hamilton–Funktion

$$H(x, \lambda, u) = u^2 + \lambda(Ax + Bu + C)$$

die Variable u durch $u^*(x, \lambda) = -\frac{1}{2L}\lambda_5$ ersetzt (vergleiche 6.47). Es gilt folglich

$$\begin{aligned} H^{min}(x, \lambda) &= \frac{1}{4L^2}\lambda_5^2 + \lambda\left(Ax - \frac{1}{2L}B\lambda_5 + C\right) \\ &= \alpha_1(\lambda) + \alpha_2(\lambda) \cdot x \end{aligned}$$

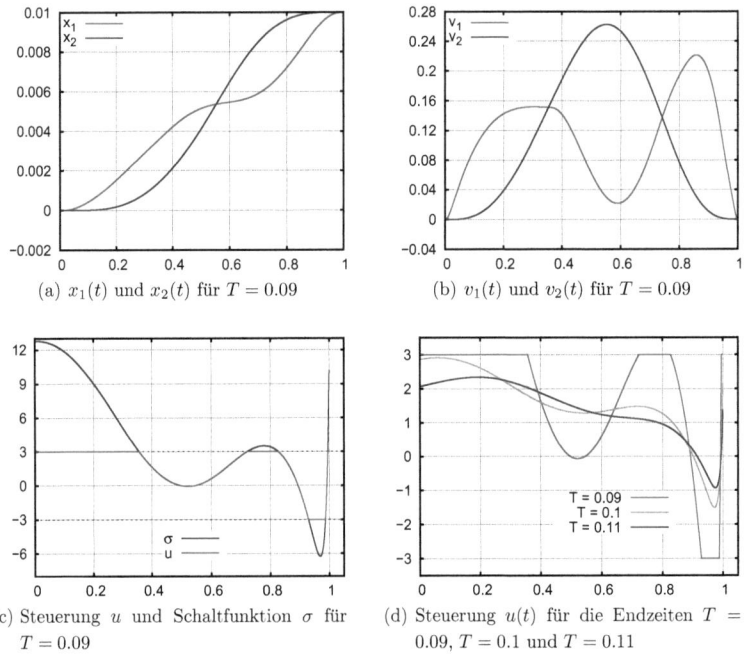

(a) $x_1(t)$ und $x_2(t)$ für $T = 0.09$

(b) $v_1(t)$ und $v_2(t)$ für $T = 0.09$

(c) Steuerung u und Schaltfunktion σ für $T = 0.09$

(d) Steuerung $u(t)$ für die Endzeiten $T = 0.09$, $T = 0.1$ und $T = 0.11$

Abb. 6.13.: $u_{\max} = 3$: Energieoptimale Lösung auf skaliertem Zeitintervall $[0, 1]$.

mit $\alpha_1(\lambda) = \frac{1}{4L^2}\lambda_5{}^2 - \lambda\left(\frac{1}{2L}B\lambda_5 - C\right)$ und $\alpha_2(\lambda) = \lambda A$. Also ist $H^{min}(x, \lambda(t))$ für jedes $t \in [0, T]$ affin–linear und somit auch konvex bzgl. x.

Die Konvexitätsforderungen (i) – (iv) aus Satz 3.20 sind daher erfüllt, und die Lösung des erweiterten Minimumprinzips ist nachweislich die optimale Lösung des energieminimalen Steuerprozesses (6.22 b).

6.3. Optimale Steuerung von Werkzeugmaschinen

Werkzeugmaschinen werden für viele verschiedene Zwecke in der verarbeitenden Industrie eingesetzt. Üblicherweise handelt es sich dabei um spanende Aufgaben wie dem Fräsen oder dem Honen eines Werkstücks. Abbildung 6.3 zeigt typische Werkzeugmaschinen, deren grundlegende Funktionsweise durch das in diesem Abschnitt behandelte dynamische Modell beschrieben wird. In [ZIRN 2007] werden unterschiedliche Werkzeugmaschinen auf Basis der Regelungstechnik untersucht. Ein wichtiger Aspekt bei dieser Untersuchung besteht darin, dass für den effizienten Betrieb von Werkzeugmaschinen auftretende Vibrationen von beteiligten Systemkomponenten gedämpft werden müssen. Diese Zielsetzung führt auf beschleunigungs– und ruckbegrenzte Sollwertkurven. Allerdings ist es mithilfe der Regelungstechnik nur begrenzt möglich, Oszillationen und Überschwingungen wirkungsvoll zu verringern. Ferner lässt sich die minimale Prozessdauer zur Kalibrierung einer Maschine nicht bestimmen. Die Motivation für die Anwendung von optimalen Steuerprozessen auf dem Gebiet der Werkzeugmaschinen ist mit dem Vorhaben verbunden, diese Defizite zu eliminieren.

(a) Industrielle Fräsmaschine   (b) Spindel einer Honmaschine

Abb. 6.14.: Beispiele für industrielle Werkzeugmaschinen.

6.3.1. Problemformulierung

Die dominierenden Elastizitäten bei Werkzeugmaschinen sind meist durch die flexible Verankerung der Basis (Stator) und die tranlatorische und rotatorische Bewegungen des sogenannten Tool Center Points (TCP) gegeben. Dies ist ein gedachter Referenzpunkt, der sich an geeigneter Stelle der Maschine befindet.
Das dynamische Modell bezieht sich entweder auf eine feste oder freie Endzeit T.
Der Zustand des zugrundeliegenden dynamischen Modells zum Zeitpunkt $t \in [0, T]$ besteht aus den folgenden 7 Komponenten :

- $x_b(t)$: Position des Stators,

- $x_s(t)$: Position des TCP,

- $\varphi(t)$: Rotationswinkel des TCP,

- $v_b(t)$: Geschwindigkeit des Stators,

- $v_s(t)$: Geschwindigkeit des TCP,

- $v_\varphi(t)$: Rotationsgeschwindigkeit des TCP,

- $F(t)$: Motorkraft.

Die Zustandskomponenten werden zu einem Vektor $x = (x_b, x_s, \varphi, v_b, v_s, v_\varphi, F)^T \in \mathbb{R}^7$ zusammengefasst. Als Steuerung fasst man die Sollwert–Motorkraft $F_{\text{set}}(t)$ auf, welche als Vorgabe für die eigentlich Motorkraft $F(t)$ zu verstehen ist und sich zeitlich verzögert auf diese auswirkt. Sie wird im Folgenden gemäß der üblichen Notation mit $u(t)$ bezeichnet. Das dynamische System ist linear im Zustand und der Steuerung und lautet komponentenweise

$$\begin{aligned}
\dot{x}_b(t) &= v_b(t), & \dot{v}_b(t) &= -\frac{1}{m_b}\left(k_b x_b(t) + d_b v_b(t) + F(t)\right), \\
\dot{x}_s(t) &= v_s(t), & \dot{v}_s(t) &= \frac{1}{m_s} F(t), \\
\dot{\varphi}(t) &= v_\varphi(t), & \dot{v}_\varphi(t) &= \frac{1}{J}\left(rF(t) - k\varphi(t) - dv_\varphi(t)\right), \\
\dot{F}(t) &= \frac{1}{T}\left(u(t) - F(t)\right).
\end{aligned} \qquad (6.49)$$

Die Systemparameter sind in Tabelle 6.4 aufgeführt. Wegen der Linearität der Differentialgleichungen lässt sich die Dynamik in kompakter Matrixschreibweise formu-

6.3: Optimale Steuerung von Werkzeugmaschinen

Masse des Stators	m_b	$= 450\,\text{kg}$
Masse der Last	m_s	$= 750\,\text{kg}$
Trägheitsmoment der Drehfeder	J	$= 40\,\text{kgm}^2$
Exzentrizität Gewichtsschwerpunkts — Führung	r	$= 0.25\,\text{m}$
Exzentrizität Gewichtsschwerpunkts — TCP	h	$= 0.21\,\text{m}$
Steifigkeit der Verankerung	k_b	$= 16 \cdot 10^6 \,\text{N/m}$
Dämpfung der Verankerung	d_b	$= 8.5 \cdot 10^3 \,\text{Ns/m}$
Steifigkeit der fiktiven Drehverbindung	k	$= 8.2 \cdot 10^6 \,\text{Nm/rad}$
Dämpfung der fiktiven Drehverbindung	d	$= 1.8 \cdot 10^3 \,\text{Nms/rad}$
Zeitkonstante des Stromreglers	T	$= 2.5\,\text{ms}$
Verstärkungsregelung der Geschwindigkeit	K_P	$= 1 \cdot 10^5 \,\text{Ns/m}$
Zeitkonstante des Geschwindigkeitsreglers	T_n	$= 45\,\text{ms}$
Maximale Sollwert–Motorkraft	$u_{\max}$	$= 4\,\text{kN}$

Tab. 6.4.: Liste der Systemparameter

lieren als $\dot{x} = Ax + Bu$ mit

$$A = \begin{pmatrix} 0 & 0 & 0 & 1 & 0 & 0 & 0 \\ 0 & 0 & 0 & 0 & 1 & 0 & 0 \\ 0 & 0 & 0 & 0 & 0 & 1 & 0 \\ -\frac{k_b}{m_b} & 0 & 0 & -\frac{d_b}{m_b} & 0 & 0 & -\frac{1}{m_b} \\ 0 & 0 & 0 & 0 & 0 & 0 & \frac{1}{m_s} \\ 0 & 0 & -\frac{k}{J} & 0 & 0 & -\frac{d}{J} & \frac{r}{J} \\ 0 & 0 & 0 & 0 & 0 & 0 & -\frac{1}{T} \end{pmatrix}, \quad B = \begin{pmatrix} 0 \\ 0 \\ 0 \\ 0 \\ 0 \\ 0 \\ \frac{1}{T} \end{pmatrix}.$$

Die Steuerung u, also die vorgegebene Sollwert–Motorkraft, unterliege der Beschränkung

$$-u_{\max} \leq u(t) \leq u_{\max}, \quad 0 \leq t \leq T, \tag{6.50}$$

wobei für $u_{\max}$ aus mechanischen Gründen gemäß Tabelle 6.4 Maximalwerte von 4kN verwendet werden. Die Anfangs– und Endbedingungen für den Zustand x lauten

$$x(0) = (0,0,0,0,0,0,0)^T, \quad x(T) = (0, \text{undef.}, 0, 0, 0.1, 0, 0)^T. \tag{6.51}$$

Als Basiseinheiten für die Positions– bzw. Geschwindigkeitswerte liegen hierbei m bzw. m/s zugrunde. Mit Ausnahme des freien Endzustands der Komponente x_s liegen also für alle Variablen fest vorgegebene Anfangs– und Endzustände vor. Üblicherweise wird die Funktionsweise von mechatronischen Werkzeug-Manipulatoren auf Grundlage der Regelungstechnik untersucht, vergleiche [ZIRN 2007]. Eine Werkzeugmaschine mit computergestützter Achsbewegung wird CNC–Maschine (Computerized Numerical Control) genannt. Die Ansteuerung zu Testzwecken erfolgt typischerweise mit Hilfe von Simulationswerkzeugen wie MATLAB/Simulink. Abbildung 6.15 zeigt die *closed loop*–Steuerung des Modells 6.49 als Blockdiagramm. Im linken Teil dieses Schaubilds wird anhand von Sollwert–Vorgaben für die Systemkomponenten, welche von dem CNC–System generiert werden, die Sollwert–Motorkraft F_{set} bestimmt. Die generierten Werte sind begrenzt bzgl. der Geschwindigkeit, der Beschleunigung und des Rucks. Der Ruck beschreibt in der Kinematik die zeitliche Änderung der Beschleunigung. Zur CNC–gestützten Ansteuerung der Werkzeugmaschine werden heutzutage hauptsächlich sogenannte Kaskadenregelungen eingesetzt, bei denen mehrere Regelkreise für die Positionen und Geschwindigkeiten verschachtelt sind, siehe [ZIRN 2007]. Die so erzeugte Größe F_{set} ist als Input für das „Plant Model" aufzufassen, welches im rechten Teil des Schaubilds 6.15 dargestellt ist. Dieses repräsentiert das dynamische Modell (6.49) als Blockdiagramm. Abbildung 6.16 zeigt einen typischen Verlauf der Rotationsgeschwindigkeit $v_\varphi(t)$ und der Beschleunigung $\dot{v}_\varphi(t)$ bei der CNC–Steuerung vom Modell (6.49). Zwei Probleme werden ersichtlich: Einerseits ist es nicht möglich, den vorgegebenen Endzustand präzise anzusteuern. Es kommt nämlich zum Überschwingen von beteiligten Systemkomponenten gegen Ende des Prozesses. Andererseits ist die Transferzeit für die gewünschte Positionierung der Maschine wesentlich höher als die theoretische minimale Endzeit, welche man durch die zeitoptimale Lösung eine optimalen Steuerprozesses erhält, vergleiche Abschnitt 6.3.2. Diese Nachteile lassen sich durch eine aufwändigere Regelung der Maschine mittels Zustandsreglern in Verbindung mit Vorsteuer–Filtern nicht zufriedenstellend beheben, siehe Abbildung 6.16(b).

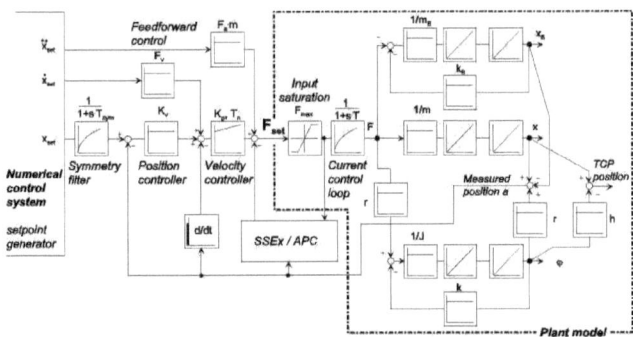

Abb. 6.15.: Blockdiagramm zur Steuerung einer CNC–Maschine

6.3: Optimale Steuerung von Werkzeugmaschinen

Die Anwendung der Theorie optimaler Steuerprozesse ist mit der Hoffnung verbunden, diese Nachteile zu eliminieren und neue Erkenntnisse für die Performance regelungsbasierter CNC–Steuerungen zu bekommen.

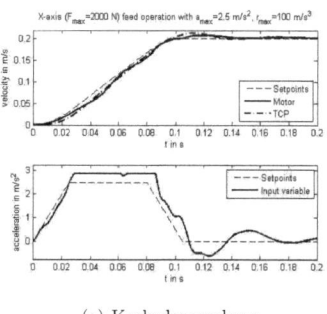
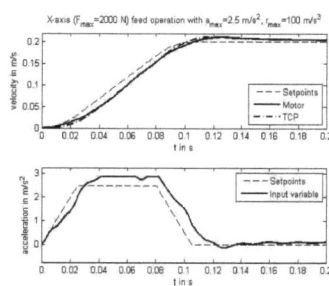

(a) Kaskadenregelung

(b) Verbesserte Performance durch Zustandsregler

Abb. 6.16.: Ergebnisse der CNC–Steuerung (open loop) des Maschinenwerkzeugs

6.3.2. Die zeitoptimale Steuerung

Die Prozessdauer für die präzise Ansteuerung eines vorgegebenen Endzustands ist ein entscheidendes Kriterium für den effizienten Betrieb von Werkzeugmaschinen. In diesem Abschnitt wird daher die Endzeit T minimiert bzgl. der Dynamik (6.49), der Steuerbeschränkung (6.50) und den Randbedingungen (6.51). Es liegt also ein zeitoptimaler Steuerprozess mit linear eingehender Steuerung u vor, so dass man als optimale Steuerung eine bang–bang Steuerung erwarten kann. Notwendige Optimalitätsbedingungen für dieses Problem sind durch das Minimumprinzip von Pontryagin in seiner Standardform von Satz 2.12 gegeben. Zur Auswertung dieser Bedingungen betrachte man die Hamilton–Funktion mit $\lambda_0 = 1$

$$H(x, \lambda, u) = 1 + \lambda(Ax + Bu), \qquad (6.52)$$

mit der adjungierten Variablen $\lambda \in \mathbb{R}^7$. Zu einer optimalen Lösung $(x(t), u(t))$ existiert dann eine stetige Funktion $\lambda : [0, T] \to \mathbb{R}^7$, welche die adjungierte Differentialgleichung $\dot{\lambda}(t) = -H_x[t] = -\lambda(t) A$ löst. Komponentenweise lautet diese Differentialgleichung

$$\dot{\lambda}_1 = \frac{k_b}{m_b}\lambda_4, \quad \dot{\lambda}_2 = 0, \quad \dot{\lambda}_3 = \frac{k}{J}\lambda_6, \quad \dot{\lambda}_4 = -\lambda_1 + \frac{d_b}{m_b}\lambda_4,$$

$$\dot{\lambda}_5 = -\lambda_2, \quad \dot{\lambda}_6 = -\lambda_3 + \frac{d}{J}\lambda_6, \quad \dot{\lambda}_7 = \frac{1}{m_b}\lambda_4 - \frac{1}{m_s}\lambda_5 - \frac{r}{J}\lambda_6 + \frac{1}{T}\lambda_7.$$

Die Transversalitätsbedingungen (2.14) liefern die Endbedingung $\lambda_2(T) = 0$, da die zweite Zustandsvariable x_s im Endzeitpunkt T frei ist. Mit der adjungierten Differentialgleichung ergibt sich daraus $\lambda_2(t) \equiv 0$ und $\lambda_5(t) \equiv$ const. für alle $t \in [0, T]$. Gemäß der Minimumbedingung (2.11) minimiert die optimale Steuerung die Hamilton–Funktion, d.h.

$$H(x(t), \lambda(t), u(t)) = \min_{u \in U} H(x(t), \lambda(t), u),. \qquad (6.53)$$

Dies liefert die Steuervorschrift

$$u(t) = \left\{ \begin{array}{ll} u_{\max} & \text{falls } \lambda_7(t) < 0 \\ -u_{\max} & \text{falls } \lambda_7(t) > 0 \end{array} \right\}. \qquad (6.54)$$

Die Schaltfunktion ist gegeben durch $\sigma(t) = H_u[t] = \frac{1}{T}\lambda_7(t)$. Die lineare Dynamik (6.49) ist vollständig steuerbar, da die 7×7 Kalman–Matrix

$$D = (B,\ AB,\ A^2 B,\ A^3 B,\ A^4 B,\ A^5 B,\ A^6 B)$$

maximalen Rang besitzt. Also ist das System normal und die optimale Steuerung $u(t)$ besitzt bang–bang Struktur, vergleiche [HERMES 1969].

Für die numerische Lösung des optimalen Steuerprozesses wurde der Zustand und die Steuerung mit $N = 10000$ Gitterpunkten diskretisiert und die Dynamik durch das Heun–Verfahren approximiert. Das resultierende endlich–dimensionale Optimierungsproblem wurde in AMPL ([FOURER 2003]) implementiert und an den Large–Scale Solver IPOPT ([WÄCHTER 2006]) übergeben. Die Berechnungen für zahlreiche verschiedene Steuerschranken $u_{\max}$ haben gezeigt, dass die optimale Steuerung stets aus 6 bang–bang Intervallen besteht und folgende Struktur bezüglich der Unterteilung $0 =: t_0 < t_1 < \cdots < t_5 < t_6 = T$ aufweist:

$$u(t) = \left\{ \begin{array}{ll} u_{\max} & \text{für } t_0 \leq t < t_1 \\ -u_{\max} & \text{für } t_1 \leq t < t_2 \\ u_{\max} & \text{für } t_2 \leq t < t_3 \\ -u_{\max} & \text{für } t_3 \leq t < t_4 \\ u_{\max} & \text{für } t_4 \leq t < t_5 \\ -u_{\max} & \text{für } t_5 \leq t \leq t_6 \end{array} \right\}. \qquad (6.55)$$

Die Anzahl der bang–bang Intervalle lässt sich dadurch erklären, dass durch die 5 Schaltpunkte zusammen mit der freien Endzeit insgesamt 6 Freiheitsgrade gegeben sind, welche zur Einhaltung der 6 Endbedingungen in (6.51) genügen. Man beachte, dass der Zustand x_s im Endzeitpunkt frei ist. Die berechnete zeitoptimale Lösung für die Steuerschranke $u_{\max} = 2000$ ist in Abbildung 6.17 dargestellt. Um die Genauigkeit der berechneten Schaltpunkte zu erhöhen, wurde mittels NUDOC-CCS, [BÜSKENS 1996], und der arc–parametrization–Methode, [MAURER 2005],

6.3: Optimale Steuerung von Werkzeugmaschinen

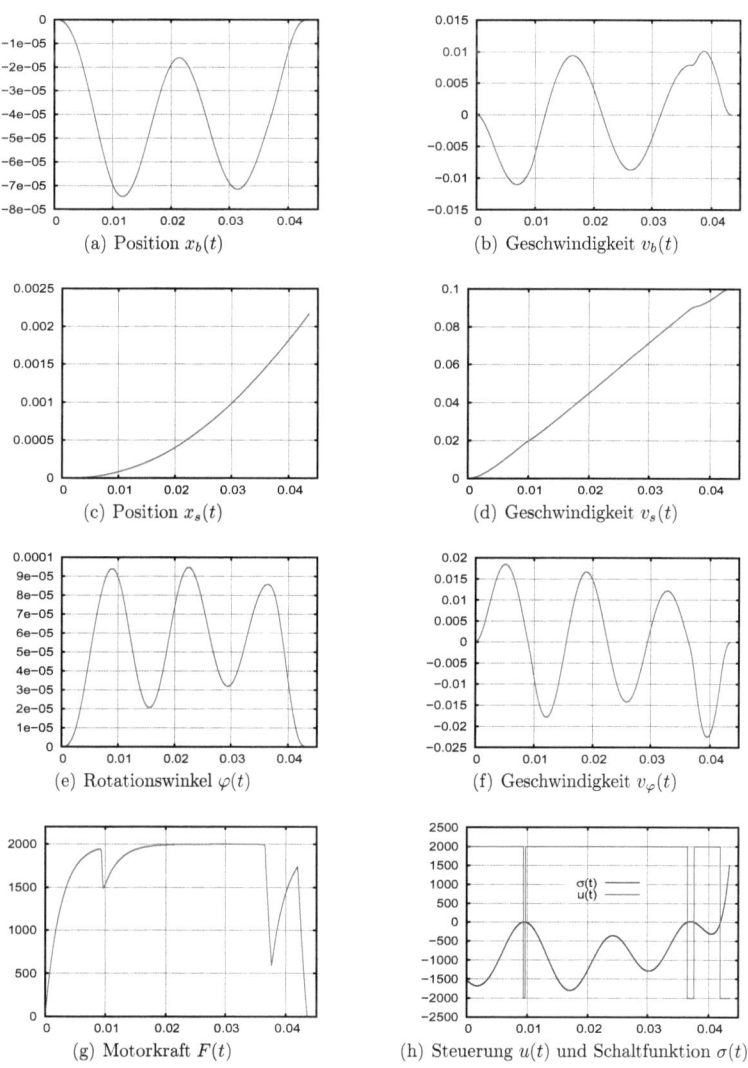

Abb. 6.17.: $u_{\max} = 2000$: Zeitoptimale Lösung zur Steuerung der Werkzeugmaschine

eine direkte Schaltpunktoptimierung durchgeführt, siehe Kapitel 5.2.3. Die Schaltzeiten der bang–bang Steuerung und die optimale Endzeit lauten

$$t_1 = 0.009337, \quad t_2 = 0.009668, \quad t_3 = 0.036552,$$
$$t_4 = 0.037653, \quad t_5 = 0.041942, \quad T = 0.043505. \tag{6.56}$$

Die Anfangswerte für die Lösung $\lambda(t) \in \mathbb{R}^7$ der adjungierten Differentialgleichung $\dot{\lambda} = -\lambda A$ sind gegeben durch

$$\lambda(0) = (-11.87902, \; 0.00000, \; 14.75425, \; 0.05508,$$
$$-0.23018, \; 0.01149, \; -1.2503 \cdot 10^{-6}).$$

Mit diesen Werte lässt sich nachvollziehen, dass die Schaltfunktion $\sigma(t) = H_u[t] = \frac{1}{T} \lambda_7(t)$ das Schaltgesetz (6.54) mit hoher Genauigkeit erfüllt, vergleiche Abbildung 6.17(h). Die Jacobi–Matrix der Endbedingungen bzgl. der Schaltpunkte $t_1, \ldots, t_5$ und der freien Endzeit t_6 hat vollen Rang. Daher sind die hinreichenden Optimalitätsbedingungen erster Ordnung ([MAURER 2004], [OSMOLOVSKII 2005]) für dieses Problem erfüllt.

Zustandsbeschränkungen

Wie bereits in den einführenden Worten zu Beginn dieses Abschnittes erwähnt, legt man bei der Steuerung von Werkzeugmaschinen auf geringe Vibrationen der beteiligten Systemkomponenten großen Wert. Die zeitoptimale Positionierung des hier betrachteten Modells bewirkt jedoch insbesondere für hohe Steuerschranken $u_{\max}$ starke Schwingungen von einigen Zustandsvariablen, siehe Abbildung 6.17. Zur Reduzierung dieser Auslenkungen lassen sich reine Zustandsbeschränkungen verwenden. Exemplarisch soll die Geschwindigkeit $v_\varphi(t)$ des oszillationsanfälligen TCP, dessen schwingungsarme Bewegung von besonderem Interesse ist, durch die Beschränkung $|v_\varphi| \leq c_\varphi$ mit einer geeigneten Schranke $c_\varphi > 0$ gedämpft werden. In der Standardform $S(x(t)) \leq 0$ lauten diese Beschränkungen

$$S_1(x(t)) = v_\varphi(t) - c_\varphi \leq 0, \quad S_2(x(t)) = -c_\varphi - v_\varphi(t) \leq 0, \tag{6.57}$$

für alle $t \in [0, T]$. Eine reduzierte Rotationsgeschwindigkeit ergibt eine gedämpfte Auslenkung des TCP, so dass durch diese Zustandsbeschränkung gleichzeitig $\|\varphi\|_\infty$ verringert wird.
Notwendige Optimalitätsbedingungen für den zustandsbeschränkten Prozess sind gegeben durch das erweiterte Minimumprinzip von Pontryagin 3.12. Bei den Beschränkungen vom Typ (6.57) kann offensichtlich zu jedem Zeitpunkt $t \in [0, T]$

6.3: Optimale Steuerung von Werkzeugmaschinen

nur eine der Beschränkungen S_1 bzw. S_2 aktiv sein. Sie besitzen ferne die gleiche Ordnung p. Daher wird die Diskussion auf die Komponente S_1 reduziert. Es gilt

$$\frac{d}{dt}S_1(x) = \frac{1}{J}(rF(t) - k\varphi(t) - dv_\varphi(t)),$$
$$\frac{d^2}{dt^2}S_1(x) = \frac{d^2-k}{J}v_\varphi + \frac{dk}{J}\varphi - \left(\frac{r}{JT} + \frac{rd}{J^2}\right)F + \frac{r}{JT}u.$$

Die Steuervariable erscheint also erstmals in der zweiten zeitlichen Ableitung von S_1. Somit besitzt die Zustandsbeschränkung die Ordnung $p = 2$. Auf einem Randstück $[t_\text{ein}, t_\text{aus}]$ gilt $S_1(x(t)) = 0$ und daher auch $\frac{d^2}{dt^2}S_1(x(t)) = 0$ für $t \in [t_\text{ein}, t_\text{aus}]$. Durch Auflösung nach der Steuerung u erhält man als Randsteuerung den feedback–Ausdruck

$$u_\text{rand}(x) = \frac{T(k-d^2)}{r}v_\varphi - \frac{Tdk}{r}\varphi + \left(1 + \frac{Td}{J}\right)F.$$

Die Regularitätsbedingung (3.6) ist erfüllt. Daher gilt das Minimumprinzip in der Gestalt von Satz 3.17 und man kann die Zustandsbeschränkung über eine Multiplikator–Funktion $\mu : [0, T] \to \mathbb{R}^2$ an die Hamilton–Funktion H ankoppeln. Dies liefert die erweiterte Hamilton–Funktion

$$\tilde{H}(x, \lambda, \mu, u) = 1 + \lambda(Ax + Bu) + \mu S(x).$$

Anhand der numerischen Resultate in Abbildung 6.18(d) erkennt man, dass die Randsteuerung im Inneren des Steuerbereichs liegt, d.h. $|u_\text{rand}(t)| \leq u_\text{max}$. Wegen der Minimumbedingung (3.36) gilt dann, dass die Schaltfunktion $\sigma(t) = H_u[t]$ entlang eines Randstücks verschwindet:

$$\sigma(t) = \frac{1}{T}\lambda_7(t) = 0 \quad \text{für} \quad t_\text{ein} \leq t \leq t_\text{aus}. \tag{6.58}$$

Abbildung 6.18(d) bestätigt dieses Verhalten. Über die Folgerung $\frac{d^2}{dt^2}\sigma(t) = 0$, $t \in [t_\text{ein}, t_\text{aus}]$, erhält man die Beziehung

$$\mu_1 = \frac{J}{rm_b}\lambda_1 - \lambda_3 - \frac{Jd_b}{rm_b^2}\lambda_4. \tag{6.59}$$

Die Sprungbedingung (3.41) des erweiterten Minimumprinzips erlaubt Unstetigkeiten der adjungierten Funktion λ im Eintrittspunkt t_ein und Austrittspunkt t_aus. Da die Zustandsbeschränkung in diesem Fall nur von der sechsten Zustandsvariablen v_φ abhängt, betrifft die Sprungbedingung lediglich die Komponente λ_6. Es gilt

$$\lambda_6(\tau^+) = \lambda_6(\tau^-) - \nu(\tau), \quad \tau \in \{t_\text{ein}, t_\text{aus}\},$$

mit $\nu(\tau) \geq 0$. Abbildung 6.18 zeigt die optimale Lösung für die restriktive Schranke $c_\varphi = 5 \cdot 10^{-3}$. Die optimale Steuerung besitzt ein Randstück mit $v_\varphi(t) = c_\varphi$, eine Randstück mit $v_\varphi(t) = -c_\varphi$ und insgesamt 9 bang–bang Stücke. Die optimale Endzeit lautet $T = 0.0522$ und ist um 23% größer als die Endzeit der unbeschränkten Steuerung des vorigen Abschnitts.

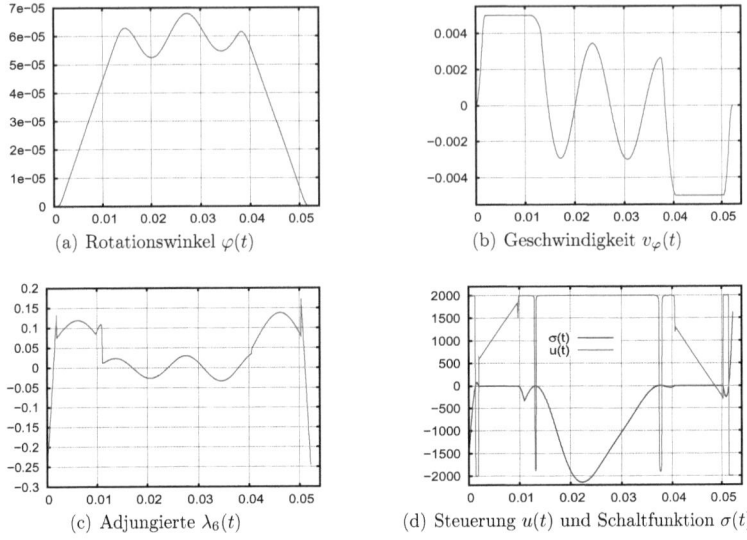

Abb. 6.18.: $u_{\max} = 2000$, $|v_\varphi(t)| \leq 0$: Zeitoptimale Lösung

6.3.3. Die dämpfungsoptimale Steuerung: Ruckbegrenzung

Die Reduzierung der auftretenden Vibrationen lässt sich auch erreichen, indem man die Auslenkungen der betroffenen Variablen direkt über das Zielfunktional minimiert. Dies ist die Motivation für die Bestimmung einer *dämpfungsoptimalen Steuerung*, welche das Funktional

$$\int_0^T (u^2 + c_1 x_b^2 + c_2 \varphi^2 + c_3 v_b^2 + c_4 v_\varphi^2)\, dt,$$

minimiert, wobei die Endzeit T fest gewählt wird. Sie sollte geringfügig größer als die minimale Endzeit aus Abschnitt 6.3.2 sein. Die Gewichte c_i, $i = 1, \ldots, 4$, werden anhand der Daten der zeitoptimalen Lösung so gewählt, dass der Einfluss der 5 Summanden auf das Zielfunktional in etwa gleich groß ist. Die Hamilton–Funktion

$$H(x, \lambda, u) = u^2 + c_1 x_b^2 + c_2 \varphi^2 + c_3 v_b^2 + c_4 v_\varphi^2 + \lambda(Ax + Bu) \qquad (6.60)$$

ist regulär und besitzt bzgl. u das eindeutige Minimum

$$F_{\text{set}}(t) = \text{Proj}_{[-u_{\max}, u_{\max}]}(-\lambda_7(t)/2T), \qquad (6.61)$$

wobei mit „Proj" die Projektion auf den Steuerbereich bezeichnet wird. Daraus folgt die Stetigkeit der optimalen Steuerung u. Die adjungierte Differentialgleichung lautet

6.3: Optimale Steuerung von Werkzeugmaschinen

in diesem Fall $\dot{\lambda} = -2Dx - \lambda A$ mit der Diagonalmatrix $D = \operatorname{diag}(c_1, 0, c_2, c_3, 0, c_4)$.
Um die Dämpfungseigenschaften zwischen der zeitoptimalen Lösung mit reinen Zu-

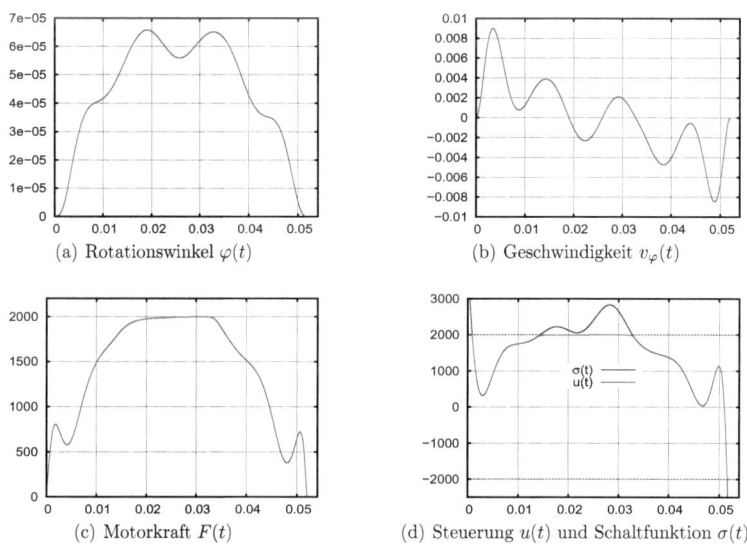

Abb. 6.19.: $u_{\max} = 2000$: Dämpfungsoptimale Lösung

standsbeschränkungen und der dämpfungsoptimalen Lösung vergleichen zu können, wurde für die numerische Berechnung die feste Endzeit $T = 0.0522$ gewählt. Dies ist die optimale Endzeit des zustandsbeschränkten Prozesses aus dem vorigen Abschnitt. Abbildung 6.19 zeigt die Ergebnisse der dämpfungsoptimalen Steuerung. Hierbei wurden für die Gewichte $c_1, \ldots, c_4$ die Werte

$$c_1 = 2.8211 \cdot 10^{14}, \ c_2 = 1.0884 \cdot 10^{15}, \ c_3 = 4.2526 \cdot 10^{10}, \ c_4 = 2.2866 \cdot 10^{10}. \tag{6.62}$$

gewählt.
Die Steuervorschrift wird durch die numerische Lösung bestätigt, vergleiche Abbildung (6.19(d)). Man erhält für die dämpfungsminimale Steuerung eine maximale Auslenkung von $\|v_\varphi(t)\|_\infty = 0.008916$. Dieser Wert ist erwartungsgemäß größer als die Schranke $c_\varphi = 0.005$ der zustandsbeschränkten Steuerung, allerdings auch deutlich kleiner als der entsprechende Wert $\|\varphi(t)\|_\infty = 0.022444$ der unbeschränkten zeitoptimalen Lösung.

6.4. Optimale Steuerung von gekoppelten Spin–Systemen

Die optimale Steuerung von gekoppelten Spin–Systemen hat Anwendungen bei der Kernspinresonanzspektroskopie, auch NMR–Spektroskopie (Nuclear Magnetic Resonance) genannt. Spektroskopische Methoden sind Analyseverfahren zur Aufklärung von Struktur und Dynamik von Molekülen. Die NMR–Spektroskopie wird insbesondere in der organischen Chemie, der Biochemie und bei der medizinischen Bildgebung eingesetzt.

Viele spektroskopische Gebiete, wie die NMR–Spektroskopie, die Elektronenspinresonanz–Spektroskopie oder die optische Spektroskropie, basieren auf einer *endlichen* Menge von Impulsvariablen, mit welchen gewünschte unitäre Abbildungen erzeugt werden können. Die quantenmechanischen Grundlagen der NMR–Spektroskopie sind beispielsweise in [ERNST 1987] dargestellt.

Bei der NMR–Spektroskopie werden unitäre Abbildungen dazu benutzt, eine Menge von Kernspins zu beeinflussen, um Kohärenzeigenschaften von gekoppelten Spins zu manipulieren oder um Quantengatter in NMR–Quantencomputern zu realisieren, siehe [GERSHENFELD 1997]. Die zur Steuerung eingesetzten Impulssequenzen sollten dabei so kurz wie möglich sein, um Relaxations– und Dekohärenzeffekte zu minimieren. Bisher ist kein allgemeingültiger Ansatz bekannt, um die minimale Endzeit für die Generierung einer gewünschten unitären Transformation analytisch zu bestimmen. Die Motivation, die Steuerung eines gekoppelten Spin–Systems als optimalen Steuerprozess aufzufassen, ist unter anderem dadurch begründet, die minimale Endzeit numerisch zu bestimmen, um qualitative Aussagen für die NMR–Spektroskopie ableiten zu können.

In der Quantenmechanik wird die zeitliche Entwicklung eines Quantensystems durch die zeitabhängige Schrödingergleichung

$$\dot{U}(t) = -iH(t)U(t), \ U(0) = I, \tag{6.63}$$

beschrieben. Diese Matrix–Differentialgleichung operiert auf der speziellen unitären Gruppe

$$SU(2^N) := \left\{ U \in \mathbb{C}^{2^N \times 2^N} : UU^* = E_{2^N}, \det(U) = 1 \right\}, \tag{6.64}$$

wobei E_{2^N} die 2^N–dimensionale Einheitsmatrix ist. H ist der Hamilton–Operator, welcher die zeitliche Änderung des Zustands U des Spin–Systems beschreibt. Hierbei ist U als sogenannter Zeitentwicklungsoperator bzw. Propagator aufzufassen, durch welchen die Evolution einer Dichtematrix $\rho(t) \in \mathbb{C}^{2^N \times 2^N}$ gemäß der Gleichung

$$\rho(t) = U(t)\rho(0)U^*(t) \tag{6.65}$$

6.4: Optimale Steuerung von gekoppelten Spin–Systemen

bestimmt ist. Der Hamilton–Operator setzt sich bei endlich–dimensionalen Quantensystemen zusammen aus dem systemspezifischen Drift–Operator H_d und den zu den beeinflussbaren Amplituden u_k korrespondierenden Kontroll–Operatoren H_k gemäß

$$H(t) := H_d + \sum_{k=1}^{2N} u_k(t)\, H_k. \tag{6.66}$$

Die Amplituden u_k, $k = 1, \ldots, 2N$, stellen Impulssequenzen dar und können extern manipuliert werden. Sie übernehmen in dem Steuerprozess die Rolle der Steuerfunktionen. Die grundsätzliche Zielsetzung ist die Ermittlung der optimalen Endzeit T, in welcher die Dichtematrix ρ von einem Anfangszustand ρ_0 in einen Zielzustand ρ_T überführt wird, um auftretende Relaxationseffekte zu minimieren. Dies liefert für den Zeitentwicklungsoperator U mit Gleichung (6.65) die Endbedingung $U(T) = U_T$ mit $U_T \rho_0 U_T^* = \rho_T$.

Dieses Problem wurde in den Arbeiten [KHANEJA 2002, 2005] von N. Khaneja, S. Glaser, et al. diskutiert. Zur Bestimmung der minimalen Endzeit T wurde in [KHANEJA 2005] ein gradientenbasiertes Abstiegsverfahren vorgestellt. Die Grundidee dieses *GRAPE–Algorithmus* (Gradient Ascent Pulse Engineering) soll an dieser Stelle kurz erklärt werden.

Man betrachte zu einer *festen* Endzeit T das äquidistante Zeitgitter $0 = t_0 < t_1 < \cdots < t_{m-1} < t_m = T$ mit Schrittweite $h = \frac{T}{m}$. Die Steuerfunktionen u_k nehme man als stückweise konstant an, d.h., es gelte $u_k(t) = u_{kj}$ für $t_{j-1} < t < t_j$, $1 \leq j \leq m$, $1 \leq k \leq 2N$. Unter dieser Annahme lässt sich die Lösung der Schrödinger–Gleichung (6.63) mit dem Anfangszustand $U(t_{j-1})$ als Exponentialfunktion auf dem Intervall $[t_{j-1}, t_j]$ für $1 \leq j \leq m$ analytisch angeben:

$$U(t) = \exp\left(-i(t - t_{j-1})(H_d + \sum_{k=1}^{2N} u_{kj} H_k)\right) \cdot U(t_{j-1}).$$

Mit der Notation $U_j := \exp\left(-ih\left(H_d + \sum_{k=1}^{2N} u_{kj} H_k\right)\right)$ für $j = 1, \ldots, m$, erhält man dann durch m-fache Matrixmultiplikation ausgehend von dem Startzustand U_0 den Endzustand

$$U(T) = U_m \cdot U_{m-1} \cdot \cdots \cdot U_1 \cdot U_0.$$

Der GRAPE–Algorithmus bestimmt durch ein Abstiegsverfahren die Elemente u_{kj}, $1 \leq k \leq 2N$, $1 \leq j \leq m$, so, dass sie folgendes $2Nm$–dimensionale Optimierungsproblem lösen:

$$\text{Minimiere } \|U_T - U(T)\|_F^2 = \|U_T - U_m U_{m-1} \ldots U_0\|_F^2. \tag{6.67}$$

Dabei wird die mit der euklidischen Norm verträgliche Frobenius–Norm $\|A\|_F := \sqrt{\text{Spur}(\overline{A}^T A)}$ verwendet. Die Spur einer Matrix ist gleich der Summe ihrer Diagonalelemente. Wegen der Beziehung

$$\|U_T - U(T)\|_F^2 = \underbrace{\|U_T\|_F^2}_{=2^N} - 2\,\text{Re}(\text{Spur}(\overline{U}_T^T U(T))) + \underbrace{\|U(T)\|_F^2}_{=2^N}$$

ist das Problem (6.67) äquivalent zu

$$\text{Maximiere} \quad \text{Re}\,(\,\text{Spur}\,(\overline{U}_T^T U_m \ldots U_1 U_0)\,). \tag{6.68}$$

Durch Variierung der Endzeit T und mehrfache Lösung des Problems (6.68) wird versucht, einen Näherungswert für die minimale Endzeit zum Erreichen des Endzustand U_T zu bestimmen. In diesem Fall hätte das Problem (6.68) den Optimalwert 2^N.

Im Folgenden wird ein alternatives Vorgehen zur Bestimmung der optimalen Endzeit präsentiert. Man betrachte dazu den optimalen Steuerprozess

(QC) $\quad$ Minimiere $\quad T + \alpha \, \|U(T) - U_T\|_F^2$

$\qquad\qquad$ unter $\quad \dot{U}(t) = -i \left(H_d + \sum_{j=1}^{2N} H_j u_j(t) \right) U(t),$

$\qquad\qquad\qquad\qquad U(0) = I.$

So wird sichergestellt, dass sich zum einen der Propagator $U(t)$ im Endzeitpunkt T dem gewünschten Zielzustand U_T annähert und zum anderen die Endzeit minimiert wird. Durch Variierung des Gewichtungsfaktors $\alpha > 0$ regelt man die Präferenz zwischen diesen Zielsetzungen.

Zur numerischen Lösung dieses Problems hat sich die Interface–Anbindung des Innere–Punkte–Verfahrens IPOPT ([WÄCHTER 2006]), siehe Kapitel 5.1.4, an das Software–Paket MATLAB ([MOLER 2004]) als effiziente und vielseitige Möglichkeit zur numerischen Behandlung herausgestellt. Einerseits steht einem durch diese Vorgehensweise der komplette Funktionsumfang der MATLAB–Programmiersprache zur Verfügung, andererseits nutzt man mit IPOPT einen der momentan effizientesten und am meisten genutzten Large–Scale–Optimierungsverfahren. Der Quellcode eines Beispielprogramms ist im Anhang C zu finden.

Es wird exemplarisch der Fall $N = 3$ behandelt. Zur Vereinfachung wird eine *Kette* von drei gekoppelten $\frac{1}{2}$-Spins zugrunde gelegt, d.h., die äußeren beiden Spins beeinflussen sich nicht in direkter Weise. Daraus ergeben sich die normierten Kopplungskonstanten $J_{12} = J_{23} = 1$ und $J_{13} = 0$. Der Drift–Operator H_d sowie die Kontroll–Operatoren H_k, $k = 1, \ldots, 6 = 2N$, berechnen sich mit Hilfe der drei

Pauli–Matrizen

$$\sigma_1 := \begin{pmatrix} 0 & 1 \\ 1 & 0 \end{pmatrix}, \; \sigma_2 := \begin{pmatrix} 0 & -i \\ i & 0 \end{pmatrix}, \; \sigma_3 := \begin{pmatrix} 1 & 0 \\ 0 & -1 \end{pmatrix}, \tag{6.69}$$

benannt nach dem Physiker Wolfgang Pauli, siehe dazu [GASIOROWICZ 2005]. Diese Matrizen bilden eine Basis des Raumes aller hermiteschen 2×2–Matrizen, deren Spur verschwindet. Man berechnet mit den Drehimpulsoperatoren $I_j := \frac{1}{2}\sigma_j$,

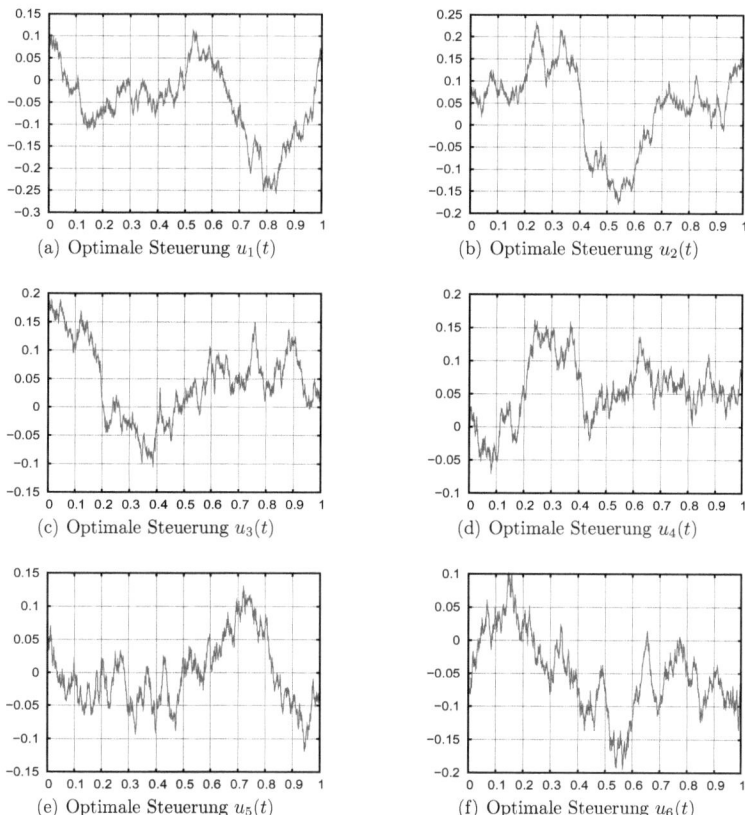

Abb. 6.20.: Optimale Impulsketten für das Problem (QC) mit $N = 3$ linear gekoppelten Spins auf skaliertem Zeitintervall $[0, 1]$.

die Matrizen I_{jx}, I_{jy}, $I_{jz} \in \mathbb{R}^8$, $j = 1, 2, 3$,

$$I_{1x} := I_x \otimes E_2 \otimes E_2, \quad I_{2x} := E_2 \otimes I_x \otimes E_2, \quad I_{3x} := E_2 \otimes E_2 \otimes I_x,$$
$$I_{1y} := I_y \otimes E_2 \otimes E_2, \quad I_{2y} := E_2 \otimes I_y \otimes E_2, \quad I_{3y} := E_2 \otimes E_2 \otimes I_y,$$
$$I_{1z} := I_z \otimes E_2 \otimes E_2, \quad I_{2z} := E_2 \otimes I_z \otimes E_2, \quad I_{3z} := E_2 \otimes E_2 \otimes I_z.$$

Hierbei symbolisiert $\otimes$ das Kronecker–Produkt zweier Matrizen und mit $E_2 \in \mathbb{R}^{2 \times 2}$ wird wie bisher die Einheitsmatrix bezeichnet. Mit diesen Bezeichnungen ergibt sich der freie Drift–Operator H_d als

$$H_d := 2\pi J_{12} I_{1z} I_{2z} + 2\pi J_{23} I_{2z} I_{3z} \in \mathbb{R}^8.$$

Die Kontroll–Operatoren H_j, $j = 1, \ldots, 6$, lauten

$$H_1 := 2\pi I_{1x}, \quad H_2 := 2\pi I_{1y}, \quad H_3 := 2\pi I_{2x},$$
$$H_4 := 2\pi I_{2y}, \quad H_5 := 2\pi I_{3x}, \quad H_6 := 2\pi I_{3y}.$$

Sämtliche Matrizen werden innerhalb des MATLAB–Programms, siehe Anhang C, generiert, so dass prinzipiell die optimale Lösung für eine beliebige Anzahl N von gekoppelten Spins bestimmt werden kann. Abbildung 6.20 zeigt die berechneten optimalen Steuerungen $u_1, \ldots, u_6$ für $N = 3$ Spins und $m = 250$ Diskretisierungspunkten. Hierbei wurde als Gewichtsparameter $\alpha = 0.1$ benutzt. Die optimale Endzeit lautet $T = 0.71011$.

A. Sourcecode des AMPL/IPOPT - Programms zur zeitoptimalen Steuerung des Roboterarms

```
########################
#     file: minT.mod    #
########################
#      Roboterarm       #
########################
# Zielfunktion: min T   #
########################

# Anzahl Diskretisierungspunkte
param N := 10001;

# Skalierte feste Endzeit
param T := 1;

# Schrittweite
param h := T/N;

# Modellparameter
param L := 6;

# Randwerte des aufgestockten Prozesses
param x1_0 := 0;
param x2_0 := 0;
param x1_T := L;
param x2_T := 0;
param y1_0 := L;
param y2_0 := 0;
param y1_T := 0;
param y2_T := 0;
```

```
# Steuerbereich: [-u_max, u_max]
param u_max := 1;

# Maximale Geschwindigkeit
param v_max := 2;

# Zustandsvariablen:
# x1: Position vor Ablegen der Masse
# x2: Geschwindigkeit vor Ablegen der Masse
# y1: Position nach Ablegen der Masse
# y2: Geschwindigkeit nach Ablegen der Masse
var x1 {i in 0..N};
var x2 {i in 0..N};
var y1 {i in 0..N};
var y2 {i in 0..N};

# Intervallängen der Teilprozesse
var T1 := 1;
var T2 := 1;

# Steuervariablen vor bzw. nach dem Ablegen der Masse
var u1 {i in 0..N-1};
var u2 {i in 0..N-1};

# Zielfunktion
minimize ZF : T1+T2;

# Dynamik (Diskretisierung durch Euler-Verfahren)
s.t. lambda1 {i in 0..N-1}: x1[i+1]-x1[i] = T1*h*x2[i];
s.t. lambda2 {i in 0..N-1}: x2[i+1]-x2[i] = T1*h*u1[i]/2;
s.t. lambda3 {i in 0..N-1}: y1[i+1]-y1[i] = T2*h*y2[i];
s.t. lambda4 {i in 0..N-1}: y2[i+1]-y2[i] = T2*h*u2[i];

# Randbedingungen des aufgestockten Prozesses
s.t. lambdax1_0 : x1[0] - x1_0 = 0;
s.t. lambdax2_0 : x2[0] - x2_0 = 0;
s.t. lambdax1_T : x1[N] - x1_T = 0;
#s.t. lambdax2_T : x2[N] - x2_T = 0;
s.t. lambday1_0 : y1[0] - x1[N] = 0;
s.t. lambday2_0 : y2[0] - 2*x2[N] = 0;
```

```
s.t. lambday1_T : y1[N] - y1_T = 0;
s.t. lambday2_T : y2[N] - y2_T = 0;

# Steuerbeschränkungen
s.t. control1 {i in 0..N-1}: -u_max<=u1[i]<=u_max;
s.t. control2 {i in 0..N-1}: -u_max<=u2[i]<=u_max;

# Reine Zustandsbeschränkung
s.t. stateConstraintsX {i in 0..N}: -v_max <= x2[i] <= v_max;
s.t. stateConstraintsY {i in 0..N}: -v_max <= y2[i] <= v_max;

# Untere Schranken für die Intervalle
s.t. T1gt0: T1 >= 0.001;
s.t. T2gt0: T2 >= 0.001;

# Auswahl der Solvers
option solver ipopt;

# Optionen für den Solver
option ipopt_options "max_iter=5999 tol=1e-10";
#option loqo_options "verbose=1 timing=1 inftol=1e-8 maxit=1999";

# Start der Optimierung
solve;

# Ausgaben
printf {i in 0..N} "%18.12f%18.12f%18.12f\n",
    h*i*T1,x1[i],x2[i] > 'stateX.out';
printf {i in 0..N} "%18.12f%18.12f%18.12f\n",
    T1+h*i*T2,y1[i],y2[i] > 'stateY.out';
printf {i in 0..N-1} "%18.12f%18.12f%18.12f\n",
    h*i*T1,lambda1[i],lambda2[i] > 'adjointX.out';
printf {i in 0..N-1} "%18.12f%18.12f%18.12f\n",
    T1+h*i*T2,lambda3[i],lambda4[i] > 'adjointY.out';
printf {i in 0..N-1} "%18.12f%18.12f\n",
    h*i*T1,stateConstraintsX[i]/(h*T1) > 'muX.out';
printf {i in 0..N-1} "%18.12f%18.12f\n",
    T1+h*i*T2,stateConstraintsY[i]/(h*T2) > 'muY.out';
printf {i in 0..N-1} "%18.12f%18.12f\n",
    h*i*T1,u1[i] > 'u1.out';
printf {i in 0..N-1} "%18.12f%18.12f\n",
```

```
    T1+h*i*T2,u2[i] > 'u2.out';
printf "%18.12f\n", T1 > 'T1.out';
printf "%18.12f\n", T2 > 'T2.out';

# Anzeige der optimalen Intervallängen
display T1;
display T2;
display ZF;
```

B. Sourcecode des NUDOCCCS - Programms zur energieoptimalen Steuerung des Voice Coil–Motors

```
C********************************************************
C* Die energieminimale Steuerung des Voice Coil-Motors  *
C* Steuerbeschraenkung UMAX = 3, feste Endzeit T = 0.09 *
C********************************************************
      PROGRAM SENSIA
      IMPLICIT DOUBLE PRECISION (A-H,O-Z)
      integer NDGL
      PARAMETER(
C    # Differentialgleichungen inkl. Zielfunktional (Mayer-Form)
     A   NDGL    = 6,
C    # Steuervariablen
     B   NSTEUER = 1,
C    # Diskretisierungspunkte
     C   NDISKRET = 300,
C    # freie Anfangswerte
     D   NUNBE   = 1,
C    # zusaetlicher Mehrzielknoten
     E   NSTUETZ = 1,
C    # Nebenbedingungen (ohne Zustandsbeschraenkungen)
     F   NNEBEN  = 1,
C    # davon Ungleichungsrestriktionen
     G   NUGLNB  = 1,
C    # Endbedingungen für den Zustand
     H   NRAND   = 5,
C    # Stoerparameter
     I   NSTOER  = 1,
```

```
C     I     NART     = 2,
      J     NARTADJ  = 2,
C     J     IFAIL    =-1,
      K     IPRINT   = 5,
      L     DEL1     = 1.0D-6,
      L     DEL2     = 1.0D-4,
      K     EPS      = 1.0D-14,
      K     EPS2     = 1.0D-4,
      K     EPS3     = 1.0d-6,
      P     NZUSATZ  = NUNBE*NSTUETZ,
      Q     N        = (NDISKRET+2)*NSTEUER+NZUSATZ,
      R     M        = NDISKRET*NNEBEN+NRAND+NZUSATZ-NUNBE,
      S     ME       = M-NDISKRET*NUGLNB,
      T     MAX1M    = M)
      CHARACTER*1 ALF
      CHARACTER*5 NORM(9)
      DIMENSION X(NDGL,NDISKRET),U(NSTEUER,NDISKRET+2),DFDU(N),
     1 G(MAX1M),T(NDISKRET),UNBE(NUNBE,NSTUETZ),
     2 UHELP(N),DCDU(MAX1M,N),BL(N+M),BU(N+M),
     3 WORK(3*N*N+2*N*M+21*N+22*M),IWORK(4*N+3*M),
     3 MSDGL(NUNBE),MSSTUETZ(NSTUETZ),IUSER(22+NUNBE+NSTUETZ),
     4 USER(10+7*NDGL+NNEBEN+NSTEUER+NDISKRET*(NDGL+NSTEUER+5)),
     5 ADJ(NDGL,NDISKRET),PDLUCDP(N+N+M,NSTOER),HESS(N+N+M,N+N+M),
     5 HESSINV(N+N+M,N+N+M),
     6 G1(MAX1M),AIJMAX(N+N+M),INC(N+N+M),D(N+N+M),NPOS(N+N+M),
     7 UINV(N+N+M,N+N+M),DU(N+N+M),U12(NDISKRET+2),DULDP(N+N+M,NSTOER),
     8 U2(NSTEUER,NDISKRET+2),X2(NDGL,NDISKRET+2),SMULT(N+M),
     9 UNBE2(NUNBE,NSTUETZ),UNBE12(NDGL),X3(NDGL,NDISKRET+2),
     9 PDXDU(NDGL,NDISKRET,N),PDXDP(NDGL,NDISKRET,NSTOER),
     9 DXDP(NDGL,NDISKRET,NSTOER),X4(NDGL,NDISKRET),X5(NDGL,NDISKRET),
     9 ADJ2(NDGL,NDISKRET),ADJ3(NDGL,NDISKRET),DFDP(NSTOER),
     9 DLDU(NDGL,NDISKRET,N+N+M),PDLDP(NDGL,NDISKRET,NSTOER),
     9 DLDP(NDGL,NDISKRET,NSTOER),ADJ4(NDGL,NDISKRET),
     9 DLDX(NDGL,NDISKRET,NDGL,NDISKRET),DCDP(N+M,NSTOER),
     9 SLAG(N),FVEC(N),FJAC(N,N),S(N),V(N,N),IW(N),
     9 W2(8*N+N*N+N*(N)/2),W(15,7),ADJH(NDGL),T2(2*NDISKRET),
     9 DSDXH(NNEBEN*NDGL+2*NDGL),DFDXH(NDGL*NDGL+2*NDGL),
     9 P0(10),P1(10),G3(MAX1M),G4(MAX1M),PD2LD2P(NSTOER,NSTOER),
     9 D2FD2P(NSTOER,NSTOER),STOERH(NSTOER),DISERR(NDISKRET),
     9 PDSDX(NDGL),PD2SD2X(NDGL,NDGL),PDFDX(NDGL,NDGL),
     9 CONORDER(NNEBEN+1),CONH(4*NNEBEN+1),
```

```
     9  XHELP(2*NDGL,NDISKRET),UHELP2(2*NSTEUER,NDISKRET),
     9  AHELP(2*NDGL,NDISKRET),
     9  GHIN(M+N,N),RHIN(M+N,N),QHIN(N,N),PROJHESS(N,N),
     9  x2a(ndgl,ndiskret),x3a(ndgl,ndiskret),
     9  U3(NSTEUER,NDISKRET+2),UNBE3(NUNBE,NSTUETZ),
     9  U4(NSTEUER,NDISKRET+2),UNBE4(NUNBE,NSTUETZ),
     1  rtK(NDGL,5),XH(NDGL),UH(NSTEUER),F(NDGL),
     2  H(NDISKRET),
     3  AM(NSTEUER,NDISKRET),AH1(NDISKRET),AH2(NDISKRET),AH3(NDISKRET)

        COMMON/RK/rkeps,tol
        common /zaehler/nwert1,nwert2
        common /film/nfilmx,nfilmu,factor,ndofilm
        common /test/testwert
        common/stoer/p(10)

C OPTIONALE ANGABE DER ORDNUNG DER ZUSTANDSBESCHRAENKUNGEN-

c       conorder(1) = 2

C PARAMETERSETZUNGEN FUER ONSCREENDARSTELLUNG--------------

        nwert1 = 0
        nwert2 = 0
        ndofilm =0
        nfilmx = 2
        nfilmu = 1
        factor = 1.0d0

        write(*,*) 'NDISKRET zum Start :'
        read(*,*) ndis1

        N1      = (NDIS1+2)*NSTEUER+NZUSATZ
        M1      = NDIS1*NNEBEN+NRAND+NZUSATZ-NUNBE
        ME1     = M1-NDIS1*NUGLNB
        MAX1M1  = MAX(1,M1)

C AEQUIDISTANTE DISKRETISIERUNG---------------------------
        DO 104 I=1,NDIS1
C       FESTE ENDZEIT: 0.09
           T(I) = 0.09d0/(NDIS1-1)*(I-1)
```

```
      104 CONTINUE

C GENAUIGKEITSFORDERUNGEN FUER NUDOCCCS-------------------
          epsgit = 1.0d-12

C GENAUIGKEITSFORDERUNGEN FUER STEIFE ODER DAE SYSTEME------
          rkeps = 0.0d0
          tol   = 1.0d-12

C STARTSCHAETZUNG DER STEUERUNG---------------------------
          do 202 i=1,ndis1/2.
              u(1,i) = 2.d0
      202 CONTINUE
          do 203 i=ndis1/2.+1,ndis1
              u(1,i) = -2.d0
      203 CONTINUE

C STARTSCHAETZUNG DER FREIEN ANFANGSWERTE------------------

          write(*,*) 'NDISKRET fuer naechste Rechnung :',ndis1
      401 write(*,*) 'NART :'
          read(*,*) nart
          iter = 0
          ifail = -1

C FESTLEGUNG DER NOMINELLEN STOERPARAMETERWERTE

C     Nomineller Parameter fuer m2: 0.56
          P(1) = 0.56d0

          CALL NUDOCCCS(NDGL,NSTEUER,NDIS1,NUNBE,NNEBEN,NUGLNB,NRAND,
         1    NZUSATZ,nart,N1,M1,ME1,MAX1M1,ITER,IFAIL,IPRINT,DEL1,epsgit,
         2    X,U,DFDU,FF,G,DCDU,BL,BU,T,UNBE,UHELP,
         3    NSTUETZ,MSDGL,MSSTUETZ,IWORK,WORK,IUSER,USER)

          CALL ADJUNG(NDGL,NSTEUER,NDIS1,NUNBE,NNEBEN,NUGLNB,NRAND,
         1    NZUSATZ,NART,NARTADJ,N1,M1,ME1,MAX1M1,ITER,IFAIL,IPRINT,DEL1,
         2    EPSGIT,X,U,DFDU,FF,G,DCDU,BL,BU,T,UNBE,UHELP,NSTUETZ,MSDGL,
         3    MSSTUETZ,IWORK,WORK,IUSER,USER,ADJ,DSDXH,DFDXH,ADJH)

          CALL AUSGABE(FF,x,adj,UHELP,T,G,NDGL,NSTEUER,NDIS1,NNEBEN,
```

```
1     NRAND,N1,M1)

      write(*,*) 'Zustand, Adjungierte und Steuerung sind gespeichert'
      write(*,*) '<ENTER> zum Start der Sensitivitaetsanalyse'
      read(*,*)

      CALL SENSITIV(NDGL,NSTEUER,NDIS1,NUNBE,NNEBEN,NUGLNB,NRAND,
1     NZUSATZ,NART,N1,M1,ME1,MAX1M1,ITER,IFAIL,IPRINT,DEL1,DEL2,EPS2,
2     X,U,DFDU,FF,G,DCDU,BL,BU,T,UNBE,UHELP,NSTUETZ,MSDGL,
3     MSSTUETZ,IWORK,WORK,IUSER,USER,PDLUCDP,NSTOER,HESS,HESSINV,G1,
4     AIJMAX,INC,D,NPOS,UINV,DU,NHDIM,DULDP,DCDP,
5     N,M,ME,MAX1M,NDISKRET)

      write(*,*) 'SENSITIVITAETEN DER STEUERUNG IN DULDP ............'
      write(*,*) 'SENSITIVITAETEN DER LAG. MULTIPL. IN DULDP ........'

      CALL OBJSTOER(NDGL,NSTEUER,NDIS1,NUNBE,NNEBEN,NUGLNB,NRAND,
1     NZUSATZ,NART,N1,M1,ME1,MAX1M1,ITERH,IFAIL,IPRINT,DEL,DEL2,
2     EPS,X,U,DFDU,FF,G,DCDU,BL,BU,T,UNBE,UHELP,NSTUETZ,MSDGL,
3     MSSTUETZ,IWORK,WORK,IUSER,USER,DFDP,NSTOER,D2FD2P,PD2LD2P,
4     DULDP,PDLUCDP,N,M,ME,MAX1M,NDISKRET)

      write(*,*) 'SENSITIVITAETEN (1. ABL.) DER ZIELFUNKT. IN DFDP ...'
      write(*,*) 'SENSITIVITAETEN (2. ABL.) DER ZIELFUNKT. IN D2FD2P .'

      CALL MATXDXDY(NDGL,NSTEUER,NDIS1,NUNBE,NNEBEN,NUGLNB,NRAND,
1     NZUSATZ,NART,N1,M1,ME1,MAX1M1,ITER,IFAIL,IPRINT,DEL1,DEL2,EPS2,
2     X,U,DFDU,FF,G,DCDU,BL,BU,T,UNBE,UHELP,NSTUETZ,MSDGL,
3     MSSTUETZ,IWORK,WORK,IUSER,USER,NSTOER,PDXDU,PDXDP,DULDP,DXDP,
4     X2,X3,N,M,ME,MAX1M,NDISKRET)

      write(*,*) 'SENSITIVITAETEN DES ZUSTANDES IN DXDP .............'

      CALL MATXDLDY(NDGL,NSTEUER,NDIS1,NUNBE,NNEBEN,NUGLNB,NRAND,
1     NZUSATZ,NART,NARTADJ,N1,M1,ME1,MAX1M1,ITER,IFAIL,IPRINT,DEL1,
2     DEL2,EPS2,X,U,DFDU,FF,G,DCDU,BL,BU,T,UNBE,UHELP,NSTUETZ,MSDGL,
3     MSSTUETZ,IWORK,WORK,IUSER,USER,NSTOER,DLDX,DXDP,DLDU,PDLDP,
4     DULDP,DLDP,ADJ2,ADJ3,DSDXH,DFDXH,ADJH,N,M,ME,MAX1M,NDISKRET)

      write(*,*) 'SENSITIVITAETEN DER ADJUNGIERTEN IN DLDP ..........'
```

```
        CALL PROJHIN(NHDIM,GHIN,QHIN,RHIN,PROJHESS,HESS,NPOS,HESSINV,
     1       N1,M1,N,M,NDIS1)

        CALL SENSAUS(FF,dxdp,dldp,duldp,T,G,NDGL,NSTEUER,NDIS1,NNEBEN,
     1       NRAND,N1,M1,N,M,NSTOER)


1243    CALL GITTERFIT(NDGL,NSTEUER,NDISKRET,NUNBE,NNEBEN,NUGLNB,NRAND,
     1       NZUSATZ,NART,N1,M1,ME1,MAX1M1,ITER,IFAIL,IPRINT,DEL1,
     2       DEL2,EPSGIT,EPS,EPS3,X,U,DFDU,FF,G,DCDU,BL,BU,T,UNBE,UHELP,
     3       NSTUETZ,MSDGL,MSSTUETZ,IWORK,WORK,IUSER,USER,CONORDER,
     4       NDIS1,N1,M1,ME1,MAX1M1,DISERR,X2,U2,T2,pdsdx,pd2sd2x,pdfdx,
     5       conh,FINISH)

        goto 401

        STOP
        END

        SUBROUTINE MINFKT(X,U,T,MIN,NDGL,NSTEUER,NDISKRET)
        IMPLICIT DOUBLE PRECISION (A-H,O-Z)
        DOUBLE PRECISION MIN,LAGINT,B1,D1
        DIMENSION U(NSTEUER,NDISKRET),X(NDGL,NDISKRET),T(NDISKRET)
        common/stoer/p(10)

C       Zusaetzliche Zustandsvariable X(6) (Mayer-Form)
        min = X(6,ndiskret)

        RETURN
        END

        Subroutine INTEGRAL(INT,X,U,T,NDGL,NSTEUER)
        IMPLICIT DOUBLE PRECISION (A-H,O-Z)
        DOUBLE PRECISION INT
        DIMENSION U(NSTEUER),X(NDGL)
        common/stoer/p(10)

        RETURN
        END

        SUBROUTINE DGLSYS(X,U,T,DX,NDGL,NSTEUER)
```

```
      IMPLICIT DOUBLE PRECISION (A-H,O-Z)
      DOUBLE PRECISION B1,D1,W1,S1,Q1,R1,C1,A1
      DIMENSION X(NDGL),U(NSTEUER),DX(NDGL),rhelp(3),uhelp(3)
      common/stoer/p(10)

C     Modellparameter
      CM1 = 1.03d0
C     nomineller Parameter CM2 = 0.56
      CM2 = P(1)
      CK  = 2400.d0
      CKF = 12.d0
      CKS = 12.d0
      CR  = 2.d0
      CL  = 2.d-3
      CFR = 2.1d0

C     Dynamik
      DX(1) = X(2)
C     v1(t)>0 fuer 0<t<T
      DX(2) = ( CKF*X(5)- CK*(X(1)-X(3)) - CFR) / CM1
      DX(3) = X(4)
      DX(4) = CK*(X(1)-X(3)) / CM2
      DX(5) = (U(1)-CR*X(5)-CKS*X(2)) / CL
      DX(6) = U(1)*U(1)

      RETURN
      END

      SUBROUTINE ANFANGSW(AWX,UNKNOWN,NDGL,NUNBE)
      IMPLICIT DOUBLE PRECISION (A-H,O-Z)
      DIMENSION AWX(NDGL),UNKNOWN(NUNBE)
      common/stoer/p(10)

      AWX(1) = 0.0d0
      AWX(2) = 0.0d0
      AWX(3) = 0.0d0
      AWX(4) = 0.0d0
      AWX(5) = 0.0d0
      AWX(6) = 0.0d0

      RETURN
```

```
      END

      SUBROUTINE RANDBED(X,U,T,R,NDGL,NSTEUER,NDISKRET,NRAND)
      IMPLICIT DOUBLE PRECISION (A-H,O-Z)
      DIMENSION X(NDGL,NDISKRET),U(NSTEUER,NDISKRET),R(NRAND)
      DIMENSION T(NDISKRET)
      common/stoer/p(10)

      R(1) = x(1,ndiskret)-0.01d0
      R(2) = x(2,ndiskret)
      R(3) = x(3,ndiskret)-0.01d0
      R(4) = x(4,ndiskret)
      R(5) = x(5,ndiskret)
      RETURN
      END

      SUBROUTINE NEBENBED(X,U,T,CON,NDGL,NSTEUER,NNEBEN)
      IMPLICIT DOUBLE PRECISION (A-H,O-Z)
      DIMENSION X(NDGL),CON(NNEBEN),U(NSTEUER)
      common/stoer/p(10)

      RETURN
      END

      SUBROUTINE CONBOXES(NSTEUER,NDISKRET,NNEBEN,BL,BU,BLCON,BUCON,T)
      IMPLICIT DOUBLE PRECISION (A-H,O-Z)
      DIMENSION BL(NSTEUER),BU(NSTEUER),BLCON(NNEBEN),BUCON(NNEBEN)
      common/stoer/p(10)

      UMAX = 3.0d0
      BL(1) =  -UMAX
      BU(1) =   UMAX
      RETURN
      END

      SUBROUTINE MAS(NDGL,AM,LMAS,RPAR,IPAR)
      IMPLICIT DOUBLE PRECISION (A-H,O-Z)
      DIMENSION AM(LMAS,NDGL)
      COMMON/MASS/IMAS,MLMAS,MUMAS,idx1dim,idx2dim,idx3dim,MLJAC,MUJAC
      RETURN
```

C. Sourcecode des MATLAB - Programms zur Lösung des gekoppelten Spin-Problems

Der Übersicht halber ist an dieser Stelle nur der Quellcode des Hauptprogramms `spin.m` aufgeführt. Die zusätzlich benötigten MATLAB-Routinen `getMatrices.m`, `objective.m`, `gradient.m` befinden sich auf der CD zu dieser Arbeit.

```
%%%%%%%%%%%%%%%%%%%%%%%%%%%%%%%%%%%%%%%%
%              file: spin.m            %
%%%%%%%%%%%%%%%%%%%%%%%%%%%%%%%%%%%%%%%%
%     Steuerung gekoppelter Spins      %
%%%%%%%%%%%%%%%%%%%%%%%%%%%%%%%%%%%%%%%%
% Zielfunktional: min T + a ||U(T)-U_F|| %
%%%%%%%%%%%%%%%%%%%%%%%%%%%%%%%%%%%%%%%%

% Folgende Software wird zum Ausführen dieses Programms benötigt:
%   - MATLAB
%   - Ipopt ab V.3.x (A. Wächter, L.T. Biegler, OpenSource:
%     https://projects.coin-or.org/Ipopt)
%   - MATLAB Interface für Ipopt (P. Carbonetto, OpenSource:
%     https://projects.coin-or.org/Ipopt/wiki/MatlabInterface)

clear all;
global N Nspins m T h alpha U0 UF H objValue
% Anzahl der Spins
Nspins = 3;
% Anzahl Diskretisierungspunkte
N = 1000;
% Anzahl der Steuervariablen
m = 2*Nspins;
% Startschätzung für die Steuerung
u0 = 2*rand(1,N*m)-1;
```

```
u0 (N*m+1) = 0.7;
% Anfangszustand des Zeitentwicklungsoperators
U0 = eye(2^Nspins);
% untere und obere Schranken für die Steuervariablen
lb = -inf*ones(1,N*m);
ub =  inf*ones(1,N*m);
lb = [lb 1e-3];
ub = [ub inf];
% Parameter zur Berechnung des Zielpropagators
alpha=pi/4;
% skalierte Endzeit
T=1;
% Schrittweite
h=T/N;
% Die Methode getMatrices generiert den freien Drift-Operator,
%   die Hamilton-Operatoren und den gewünschten Zielzustand
%   des Zeitentwicklungspropagators
[UF H]=getMatrices();
% Initialisierung des Optimierungsvektors u
u = u0;
% Aufruf des Ipopt-Interfaces. Die Parameter sind
%   - u0: Vektor mit Startschätzungen der Optimierungsvariablen
%   - lb: untere Schranken des Optimierungsvektors
%       (-inf, fualls unbeschränkt)
%   - ub: obere Schranke des Optimierungsvektors
%       (+inf, falls unbeschränkt)
%   - [],[]: keine Schranken für Nebenbedingungen
%   - 'objective': Dateiname der Zielfunktion
%   - 'gradient': Dateiname des Gradienten der Zielfunktion
%   - '','','',[],'': Optionale Parameter wie Nebenbedingungen
%       inkl. erster und zweiter Ableitung
%   - 'hessian_appoxrimation' = 'limited-memory': Berechnung
%       der Hesse-Matrix der Lagrange-Funktion
%   - 'tol' = 1e-8: Gewünschte Konvergenz-Toleranz von Ipopt
%   - 'max_iter' = 5000: Maximale Anzahl an Iterationen
u = ipopt(u0,lb,ub,[],[],'objective','gradient',...
    '','','',[],'','hessian_approximation','limited-memory',...
    'tol',1e-8,'max_iter',5000);
% Speichern der Ergebnisse
save ('results.mat');
```

Literaturverzeichnis

[AGRACHEV 2002] A.A. Agrachev, G. Stefani, P. Zezza: *Strong optimality for a bang-bang trajectory*, SIAM Journal On Control and Optimization, Vol. 41, pp. 991-1014, 2002

[ALT 1991] W. Alt: *Sequential quadratic programming in Banach spaces*, Advances in Optimization (Editors: W. Oettli, D. Pallaschke), Springer, Berlin, pp. 281–301, 1991

[ALT 2002] W. Alt: *Nichtlineare Optimierung*, Vieweg Verlag, 1. Auflage, 2002

[AUGUSTIN 2000] D. Augustin, H. Maurer: *Second order sufficient conditions and sensitivity analysis for optimal multiprocess control problems*, Control and Cybernetics, Vol. 29, pp. 11-31, 2000

[AUGUSTIN 2001] D. Augustin, H. Maurer: *Computational sensitivity analysis for state constrained optimal control problems*, Annals of Operations Research, 101; pp. 75–99, 2001

[BETTS 1996] J.T. Betts, W.P. Huffmann: *Mesh refinement in direct transcription methods for optimal control*, Mathematics and Engineering Analysis, Boeing Information and Support Services, Seattle, 1996

[BETTS 2010] J.T. Betts: *Practical Methods for Optimal Control and Estimation Using Nonlinear Programming*, Second Edition, Advances in Design and Control, SIAM, 2010

[BOCK 1984] H.G. Bock, K.J. Plitt: *A multiple shooting algorithm for direct solution of optimal control problems*, Proceedings of the 9th IFAC Worldcongress, Budapest, Ungarn, 1984

[BONNANS 2010] J.F. Bonnans, C. de la Vega: *Optimal control of state constrained integral equations*, Rapport de Recherche INRIA RR-7257, 2010

[BRYSON 1963] A.E. Bryson, W.F. Denham, S.E. Dreyfus: *Optimal programming problems with inequality constraints I: Necessary conditions for extremal solutions*, AIAA Journal, Vol. 11, pp. 2544–2550, 1963.

[BRYSON 1975] A.E. Bryson, Y.C. Ho: *Applied Optimal Control*, Hemisphere Publishing Corporation, Washington, 1975

[BÜSKENS 1993] C. Büskens: *Direkte Optimierungsmethode zur Berechnung optimaler Steuerungen*, Westfälische Wilhelms-Universität Münster, Institut für Numerische und Angewandte Mathematik, Diplomarbeit, 1993

[BÜSKENS 1996] C. Büskens: *Anleitungen zur Benutzung der FORTRAN–Bibliothek NUDOCCCS*, Version 8.04, Westfälische Wilhelms-Universität Münster, 1996

[BÜSKENS 1998] C. Büskens: *Optimierungsmethode und Sensitivitätsanalyse für optimale Steuerprozesse mit Steuer- und Zustandsbeschränkungen*, Dissertation, WWU Münster, 1998

[BÜSKENS 2001] C. Büskens, H. Maurer: *Sensitivity analysis and real-time optimization of parametric nonlinear programming problems*, Online Optimization of Large Scale Systems, M. Grötschel, S.O. Krumke, J. Rambau, eds., pp. 3-16, Springer Verlag, 2001

[BULIRSCH 1971] R. Bulirsch: *Die Mehrzielmethode zur numerischen Lösung von nichtlinearen Randwertproblemen und Aufgaben der optimalen Steuerung*, Report der Carl-Cranz-Gesellschaft, 1971

[CAINES 2006] P.E. Caines, F.H. Clarke, X. Liu, R.B. Vinter: *A maximum principle for hybrid optimal control problems with pathwise state constraints*, Report, Imperial College London, 2006

[CESARI 1983] L. Cesari: *Optimization - Theory and Applications*, Springer Verlag, New York, 1983

[CHUDEJ 1994] K. Chudej: *Optimale Steuerung des Aufstiegs eines zweistufigen Hyperschall-Raumtransporters*, Dissertation, Technische Universität München, 1994

[CHUDEJ 1996] K. Chudej: *Realistic modelled optimal control problems in aerospace engineering – a challenge to the necessary optimality conditions*, Mathematical Modelling of Systems, Vol. 2 (4), pp. 252–261, 1996

[CLARKE 1983] F.H. Clarke: *Optimization and Nonsmooth Analysis*, John Wiley and Sons, New York, 1983

[CLARKE 1989a] F.H. Clarke, R.B. Vinter: *Optimal multiprocesses*, SIAM Journal on Control and Optimization, Vol. 27, Issue 5, pp. 1072-1091, 1989

[CLARKE 1989b] F.H. Clarke, R.B. Vinter: *Applications of optimal multiprocesses*, SIAM Journal on Control and Optimization, Vol. 27, Issue 5, pp. 1048-1071, 1989

[DEUFLHARD 1991] P. Deuflhard, A. Hohmann: *Numerische Mathematik*, de Gruyter, Verlin, 1991

[DEUFLHARD 2002] P. Deuflhard, F. Bornemann: *Scientific computing with ordinary differential equations*, Texts in Applied Mathematics, Vol. 42, Springer, New York, 2002

[CHRISTIANSEN 2010] B. Christiansen, H. Maurer, O. Zirn: *Optimal control of machine tool manipulators*, in Recent Advances in Optimization and its Applications in Engineering, M. Diehl, F. Glineur, E. Jarlebring, W. Michiels, eds., Springer Verlag Heidelberg, 2010

[CHRISTIANSEN 2011] B. Christiansen, H. Maurer, O. Zirn: *Optimal control of servo actuators with flexible load and Coulombic friction*, European Journal of Control, Vol. 17 (1), 2011

[DONTCHEV 2000a] A.L. Dontchev, W.W. Hager, K. Malanowski: *Error bounds for Euler approximation of a state and control constrained optimal control problem*, Numerical Functional Analysis and Optimization, Vol 21, Issue 5 and 6, pp. 653–682, 2000

[DONTCHEV 2000b] A.L. Dontchev, W.W. Hager, V.M. Veliov: *Second-order Runge-Kutta approximations in control constrained optimal control*, SIAM Journal on Numerical Analysis, Vol 38 (1), pp. 202–226, 2000

[EKELAND 1979] I. Ekeland: *Nonconvex minimization problems*, Bulletin of the Marican Mathematical Society, 1 (New Series): 443–474, 1979

[ERNST 1987] R.R. Ernst, G. Bodenhausen, A. Wokaun: *Principles of Nuclear Magnetic Resonance in One and Two Dimensions*, Oxford University Press, Oxford, 1987

[EVANS 1998] L.C. Evans: *Partial Differential Equations – Graduate Studies in Mathematics*, Oxford University Press, 1998

[FEICHTINGER 1986] G. Feichtinger, R.F. Hartl: *Optimale Kontrolle ökonomischer Prozesse - Anwendungen des Maximumprinzips in den Wirtschaftswissenschaften*, de Gruyter Verlag, Berlin, 1986

[FIACCO 1968] A.V. Fiacco, G.P. McCormick: *Nonlinear Programming: Sequential Unconstrained Minimization Techniques*, John Willey & Sons, 1968

[FIACCO 1976] A.V. Fiacco: *Sensitivity analysis for nonlinear programming using penalty methods*, Mathematical Programming, Vol. 10, pp. 287-311, 1976

[FIACCO 1983] A.V. Fiacco, *Introduction to sensitivity and stability analysis in nonlinear programming*, Mathematics in Science and Engineering, Vol. 165, Academic Press, New York, 1983

[FIACCO 1990] A.V. Fiacco, G.P. McCormick: *Nonlinear Programming: Sequential Unconstrained Minimization Techniques*, Vol. 4 of Classics in Applied Mathematics, SIAM, Philadelphia, 1990

[FLETCHER 1987] R. Fletcher: *Practical Methods of Optimization*, Second Edition, Wiley, 1987

[FORSGREN 2002] A. Forsgren, P.E. Gill, M.H. Wright: *Interior methods for nonlinear optimization*, SIAM Review, Vol. 44 (4), pp. 525–597, 2002

[FORSTER 1987] O. Forster: *Analysis II*, Vieweg Verlag, Braunschweig, 1987

[FOURER 2003] R. Fourer, D.M. Gay, B.W. Kernighan: *AMPL: A Modeling Language for Mathematical Programming*, Duxbury Resource Center, 2003

[GASIOROWICZ 2005] S. Gasiorowicz: Quantenphysik, Oldenbourg Verlag, 9. Auflage, 2005

[GAY 1991] D.M. Gay: *Automatic differentiation of nonlinear AMPL models*, AT&T Bell Laboratories, Numerical Analysis Manuscript 91-05, 1991

[GELFAND 1963] I.M. Gelfand, S.V. Fomin: *Calculus of Variations*, Prentice-Hall, Englewood, NJ, 1963

[GERDTS 2006] M. Gerdts: *Optimal Control of Ordinary Differential Equations and Differential-Algebraic Equations*, Habilitationsschrift, Fakultät für Mathematik und Physik, Universität Bayreuth, 2006

[GERSHENFELD 1997] N.A. Gershenfeld, I.L. Chuang: *Bulk spin-resonance quantum computation*, Science Vol. 275, No. 5298, pp. 350–356, 1997

[GIRSANOV 1972] I.V. Girsanov: *Lectures on Mathematical Theory of Extremum Problems*, Lecture Notes in Economics and Mathematical Systems, Vol. 67, Springer, Berlin–Heidelberg–New York, 1972

[GOULD 2001] N.I.M. Gould, D. Orban, A. Sartenaer, P.L. Toint: *Superlinear convergence of primal–dual interior point algorithms for nonlinear programming*, SIAM Journal on Optimization, Vol. 11 (4), pp. 974–1002, 2001

[GRÖTSCHEL 2001] M. Grötschel, S.O. Krumke, J. Rambau: *Online Optimization of Large Scale Systems*, Springer Verlag Berlin–Heidelberg, 2001

[GUTENBAUM 1977] J. Gutenbaum: *Polyoptimization of systems with seperate action of performance indixes*, Systems Science 3, pp- 283–293, 1977

[GUTENBAUM 1979] J. Gutenbaum: *Control of multistage processes under minimization of balanced growth of the utility function*, Control and Cybernetics 8, pp. 165–177, 1979

[GUTENBAUM 1988] J. Gutenbaum: *Dynamic multistage processes*, Systems and Control Encyclopedia, Pergamon Press, pp. 1282–1286, 1988

[GUTENBAUM 1996] J. Gutenbaum: *Methods for optimal control of multistage processes*, Archives of Control Sciences, Vol. 5, Bo. 3–4, pp. 173–183, 1996

[HAGUE 1965] D.S. Hague: *Solution of multiple arc problems by the steepest descent method*, Recent Advances in Optimization Techniques, John Wiley, New York, pp. 489–518, 1965

[HAMILTON 1972] W.E. Hamilton Jr.: *On nonexistence of boundary arcs in control problems with bounded state variables*, IEEE Transactions on Automatic Control AC-17, No. 3, pp. 338–343, 1972

[HARTL 1995] R.F. Hartl, S.P. Sethi, R.G. Vickson: *A survey of the maximum principles for optimal control problems with state constraints*, SIAM Review, Vol. 17, pp. 181-218, 1995

[HESTENES 1966] M.R. Hestenes: *Calculus of Variations and Optimal Control Theory*, John Wiley, New York, 1966.

[HERMES 1969] H. Hermes, J.P. Lasalle: *Functional Analysis and Time Optimal Control*, Mathematics in Science and Engeneering, Vol. 56, Academic Press, New York, 1969

[HEUSER 2006] H. Heuser: *Funktionalanalysis: Theorie und Anwendung*, Teubner Verlag, Wiesbaden, 4. Auflage, 2006

[HORN 1989] M.K. Horn: *Solution of the optimal control problem using the software package STOMP*, IFAC Workshop on Control Applications of Nonlinear Programming and Optimization, Paris, 1989

[IOFFE 1979] A.D. Ioffe, V.M. Tichomirov: *Theorie der Extremalaufgaben*, Deutscher Verlag der Wissenschaften, Berlin, 1979

[JACOBSON 1971] D.H. Jacobson, M.M. Lele, J.L. Speyer: *New necessary conditions of optimality for control problems with state–variable inequality constraints*, Journal of Mathematical Analysis and Applications 35, pp. 255-284, 1971

[KAGANOVICH 2010] A.M. Kaganovich: *Quadratic weak-minimum conditions for optimal control problems with intermediate constraints*, Journal of Mathematical Sciences, Vol. 165, No. 6, pp- 710–731, 2010

[KALLRATH 2004] J. Kallrath: *Modeling Languages in Mathematical Optimization*, Kluwer Academic Publishers, 2004

[KARUSH 1939] W. Karush: *Minima of functions of several variables with inequalities as side constraints*, M.Sc. Dissertation, Departement of Mathematics, University of Chicago, 1939

[KAYA 1996] C.Y. Kaya, J.L. Noakes: *Computations of time-optimal controls*, Optimal Control Applications and Methods, Vol. 17, pp. 171-185, 1996

[KAYA 2007] C.Y. Kaya, J.M. Martinez: *Euler discretization and inexact restoration for optimal control*, Journal of Optimization Theory and Applications, Vol. 134 (2), pp. 191–206, 2007

[KELLEY 1967] H.J. Kelley, R.E. Kopp, H.G. Moyer: *Singular extremals*, in: Topics in Optimization, G. Leitmann, ed., Chap. 3, Academic Press, New York, 1967

[KHANEJA 2002] N. Khaneja, R. Brockett, S.J. Glaser: *Time optimal control in spin systems*, Physical Review A, Vol. 63, 2002

[KHANEJA 2005] N. Khaneja, T. Reiss, C. Kehlet, T. Schulte-Herbrüggen, S.J. Glaser: *Optimal control of coupled spin dynamics: design of NMR pulse sequences by gradient ascent algorithmus*, Journal of Magnetic Resonance, 172, pp. 296-305, 2005

[KNOBLOCH 1975] H.W. Knobloch: *Das Pontryaginsche Maximumprinzip für Probleme mit Zustandsbeschränkungen*, Zeitschrift für Angewandte Mathematik und Mechanik, 55, S. 545-556, 1975

[KNOBLOCH 1985] H.W. Knobloch, H. Kwakernaak: *Lineare Kontrolltheorie*, Springer Verlag, 1985

[KOFLER 2004] M. Kofler, G. Bitsch, M. Komma: *Maple - Einführung, Anwendung, Referenz*, 4. Auflage, Addison-Wesley, München, 2004

[KRENER 1977] A.J. Krener: *The high order maximum principle and its application to singular extremals*, SIAM Journal on Control and Optimization, Vol. 17, pp. 256–293, 1977

[KUHN/TUCKER 1951] H.W. Kuhn, A.W. Tucker: *Nonlinear programming*, Proceedings of 2nd Berkeley Symposium, University of California Press, pp.481–492, 1951

[LEITMANN 1971a] G.J. Leitmann: *A note on state–constrained optimal control*, Journal of Optimization Theory and Applications, Vol. 7, pp. 209–214, 1971

[LEITMANN 1971b] G.J. Leitmann, H. Stalford: *A sufficiency theorem for optimal control*, Journal of Optimization Theory and Applications, Vol. 8, pp. 169-174, 1971

[LUENBERGER 1973] D.G. Luenberger: *Introduction to Linear and Nonlinear Programming*, Addison–Wesley Publishing Company, Inc., Reading, Massachussetts, 1973

[MALANOWSKI 1998a] K. Malanowski, H. Maurer: *Sensitivity analysis for state constrained optimal control problems*, Discrete and Continuous Dynamical Systems, Vol. 4 (2), pp. 3–14, 1998

[MALANOWSKI 1998b] K. Malanowski, C. Büskens, H. Maurer: *Convergence of approximations to nonlinear optimal control problems*, In: Mathematical Programming with Data Perturbations, Lecture notes in pure and applied mathematics, A.V. Fiacco (Ed.), Vol. 195, pp. 253–284, Marcel Dekker, Inc., 1998

[MALANOWSKI 2001] K. Malanowski, H. Maurer: *Sensitivity analysis for optimal control problems subject to higher order state constraints*, Annals of Operations Research, Vol. 101, pp. 43–73, 2001

[MALANOWSKI 2004] K. Malanowski, H. Maurer, S. Pickenhain: *Second-order sufficient conditions for state-constrained optimal control problems*, Journal of Optimization Theory and Applications, Vol. 123 (3), pp. 595–617, 2004

[MANGASARIAN 1969] O.K. Mangasarian: *Nonlinear Programming*, Mc Graw–Hill, 1969

[MAURER 1976a] H. Maurer: *Numerical solution of singular control problems using multiple shooting techniques*, Journal of Optimization Theory and Application, Vol. 18, 1976

[MAURER 1976b] H. Maurer: *Optimale Steuerprozesse mit Zustandsbeschränkungen*, Habilitationsschrift, Mathematische Institut der Universität Würzburg, 1976

[MAURER 1977] H. Maurer: *On optimal control problems with bounded state variables and control appearing linearly*, SIAM Journal on Control and Optimization, Vol. 15, No. 3, pp. 345–362, 1977

[MAURER 1979a] H. Maurer: *Differential stability in optimal control problems*, Applied Mathematics and Optimization, Vol. 5, pp. 283–295, 1979

[MAURER 1979b] H. Maurer: *On the minimum principle for optimal control problems with state constraints*, Schriftenreihe des Rechenzentrums der Universität Münster, Nr. 41, 1979

[MAURER 1979c] H. Maurer, J. Zowe: *First and second-order nesessary and sufficient conditions for infinite-dimensional programming problems*, Mathematical Programming, Vol. 16, pp. 98-110, 1979

[MAURER 1981] H. Maurer: *First and second order sufficient optimality conditions in mathematical programming and optimal control*, Mathematical Programming Study 14, pp. 163–177, 1981

[MAURER 1994a] H. Maurer, H.J. Pesch: *Solution differentiability for nonlinear parametric control problems*, SIAM Journal on Control and Optimization, Vol. 32 (6), pp. 1542–1554, 1994

[MAURER 1994b] H. Maurer, H.J. Pesch: *Solution differentiability for parametric nonlinear control problems with control-state constraints*, Control and Cybernetics, Vol. 23 (1-2), pp. 201–227, 1994

[MAURER 1995] H. Maurer, S. Pickenhain: *Second-order sufficient conditions for control problems with mixed control-state constraints*, Journal of Optimization Theory and Applications, Vol. 86, No. 3, pp. 649–667, 1995

[MAURER 2004] H. Maurer, N. Osmolovskii: *Second order sufficient conditions for time-optimal bang-bang control problems*, SIAM Journal on Control and Optimization, Vol. 42, pp. 2239-2263, 2004

[MAURER 2005] H. Maurer, C. Büskens, J.-H.R. Kim, C.Y. Kaya: *Optimization methods for the verification of second order sufficient conditions for bang-bang controls*, Optimal Control Applications and Methods, Vol. 26, pp. 129-156, 2005

[MCDANELL 1971] J.P. McDanell, W.F. Powers: *Necessary conditions for joining singular and nonsingular subarcs*, SIAM Journal on Control and Optimization, Vol. 9, pp. 161–173, 1971

[MILYUTIN 1998] A.A. Milyutin, N.P. Osmolovskii: *Calculus of Variations and Optimal Control*, Transl. Math. Monogr. 180, AMS, Providence, RI, 1998

[MOLER 2004] C. Moler: *Numerical Computing with MATLAB*, SIAM, 2004

[NATANSON 1975] I.P. Natanson: *Theorie der Funktionen einer reellen Veränderlichen*, Verlag Harri Deutsch, Zürich-Frankfurt-Thun, 1975

[NEUSTADT 1967] L.W. Neustadt: *An abstract variational theory with applications to a broad class of optimization problems II. Applications*, SIAM Journal on Control, Vol. 5, pp. 90-137, 1967

[NEUSTADT 1976] L.W. Neustadt: *Optimization: A Theory of Necessary Conditions*, Princeton, New Jersey, 1976

[NOCEDAL 2000] J. Nocedal, S. Wright: *Numerical Optimization*, Springer Verlag, 2000

[OBERLE 1989] H.J. Oberle, W. Grimm: *BNDSCO - A programm for the numerical solution of optimal control problems*, Report No. 515, Institut for Flight System Dynamics, German Aerospace Research Establishment DLR, 1989

[ORRELL 1988] D. Orrell, V. Zeidan: *Another Jacobi sufficiency criterion for optimal control with smooth constraints*, Journal of Optimization Theory and Applications, Vol. 58, pp. 283–300, 1988

[OSMOLOVSKII 2005] N. Osmolovskii, H. Maurer: *Equivalence of second order optimality conditions for bang-bang control problems. Part 1: Main results*, Control and Cybernetics, Vol. 34, pp. 927–950, 2005

[OSMOLOVSKII 2007] N. Osmolovskii, H. Maurer: *Equivalence of second order optimality conditions for bang-bang control problems. Part 2: Proofs, variational derivatives and representations*, Control and Cybernetics, Vol. 36, pp. 5–45, 2007

[PESCH 1989a] H.J. Pesch: *Real–time computation of feedback controls for constrained optimal control problems, Part 1: Neighbouring extremals*, Optimal Control Applications and Methods, 10, pp. 129–145, 1989

[PESCH 1989b] H.J. Pesch: *Real–time computation of feedback controls for constrained optimal control problems, Part 2: A correction method based on multiple shooting*, Optimal Control Applications and Methods, 10, pp. 147–171, 1989

[PESCH 2002] H.J. Pesch: *Schlüsseltechnologie Mathematik: Einblicke in aktuelle Anwendungen der Mathematik*, B.G. Teubner, Stuttgart – Leipzig – Wiesbaden, 2002

[PETERSON 1978] D.W. Peterson, J.W. Zalkin: *A review of direct sufficient conditions in optimal control theory*, International Journal of Control, Vol 28, pp. 589–610, 1978

[PICKENHAIN 1991] S. Pickenhain, K. Tammer: *Sufficient conditions for local optimality in multidimensional control problems with state restrictions*, Zeitschrift für Analysis und ihre Anwendungen, Vol. 10, pp. 397–405, 1991

[PONTRYAGIN 1962] L.S. Pontryagin, V. Boltyanskij, R. Gamkredlidze, E. Mishchenko: *The Mathematical Theory Of Optimal Processes*, Interscience, Vol 4, New York, 1962

[PONTRYAGIN 1967] L.S. Pontryagin, V. Boltyanskij, R. Gamkredlidze, E. Mishchenko: *Mathematische Theorie optimaler Prozesse*, Oldenbourg Verlag, 1967

[ROBBINS 1980] H. Robbins: *Junction phenomena for optimal control with statevariable inequality constraints of third order*, Journal of Optimization Theory and Applications, Vol. 31, No. 1, 1980

[SEIERSTAD 1977] A. Seierstad, K. Sydsaeter: *Sufficient conditions in optimal control theory*, International Economic Review, Vol. 18, pp. 367-391, 1977

[SPELLUCCI 1993] P. Spellucci: *Numerische Verfahren der nichtlinearen Optimierung*, Birkhäuser, Basel, 1993

[STOER 1985] J. Stoer: *Principles of sequential quadratic programming methods for solving nonlinear programs*, Computational Mathematical Programming (Editor K. Schittkowski), NATO ASI Series, Vol. F15, pp. 165–207, Springer, Berlin-Heidelberg-New York, 1985

[STOER 2005] J. Stoer, R. Bulirsch: *Numerische Mathematik 2*, Springer Verlag, 5. Auflage, 2005

[STREHMEL 1995] K. Strehmel, R. Weiner: *Numerik gewöhnlicher Differentialgleichungen*, Teubner, Stuttgart, 1995

[TEO 1987] K.L. Teo, C. Goh: *MISER: An optimal control software*, Applied Research Corporation, National University of Singapore, Kent Ridge, Singapore, 1987

[TEO 1999] K.L. Teo, L.S. Jennings, H.W.J. Lee, V. Rehbock: *The control parameterization enhancing transform for constrained optimal control problems*, Journal of the Australian Mathematics Society, Vol. 40 (3), pp. 314–335, 1999

[TOMIYAMA 1985] K. Tomiyama: *Two-stage optimal control problems and optimality conditions*, Journal of Economic Dynamics and Control, Vol. 9, pp. 317–338, 1985

[VINTER 2000] R. Vinter: *Optimal Control*, Birkhäuser Verlag, 1. Auflage, 2000

[VOSSEN 2006] G. Vossen: *Numerische Lösungsmethoden, hinreichende Optimalitätsbedingungen und Sensitivitätsanalyse für optimale bang-bang und singuläre Steuerungen*, Dissertation, WWU Münster, Institut für Numerische und Angewandte Mathematik, 2006

[VOSSEN 2010] G. Vossen: *Switching time optimization for bang-bang and singular controls*, Journal of Optimization Theory and Applications, Vol. 144 (2), pp. 404–429, 2010

[WÄCHTER 2005] A. Wächter, L.T. Biegler: *Line search filter methods for nonlinear programming: Motivation and global convergence*, SIAM Journal on Optimization, Vol. 16 (1-31), 2005

[WÄCHTER 2006] A. Wächter, L.T. Biegler: *On the implementation of a primaldual interior point filter line search algorithm for large-scale nonlinear programming*, Mathematical Programming, 106, pp. 25–57, 2006

[WALTER 2000] W. Walter: *Gewöhnliche Differentialgleichungen*, Springer Verlag, 7. Auflage, 2000

[WERNER 1995] D. Werner: *Funktionalanalysis*, Springer, Berlin – Heidelberg – New York, 1995

[WERNER 1984] J. Werner: *Optimization theory and applications*, Vieweg und Sohn, Advanced Lectures in Mathematics, Braunschweig, 1984.

[ZEIDAN 1984] V. Zeidan: *Extended Jacobi sufficiency criterion for optimal control*, SIAM Journal on Control and Optimization, Vol. 22 (2), pp. 294–301, 1984

[ZEIDAN 1989] V. Zeidan: *Sufficiency conditions with minimal regularity assumptions*, Applied Mathematics and Optimization, Vol. 2 (1), pp. 19–31, 1989

[ZEIDAN 1994] V. Zeidan: *The Riccati equation for optimal control problems with mixed state-control constraints: necessity and sufficiency*, SIAM Journal on Control and Optimization, Vol. 32, pp. 1297–1321, 1994

[ZIRN 2005] O. Zirn, S. Weikert: *Modellbildung und Simulation hochdynamischer Fertigungssysteme - Eine praxisnahe Einführung*, Springer Verlag, Berlin, 2005

[ZIRN 2006] O. Zirn: *Mechatronische Systeme und Modelle - Grundlagen der Modellbildung*, Studienheft der Privaten Fern-Fachhochschule Darmstadt, 2006

[ZIRN 2007] O. Zirn: *Machine Tool Analysis – Modelling, Simulation and Control of Machine Tool Manipulators*, Habilitationsschrift, Department of Mechanical and Process Engineering, ETH Zürich, 2007

[ZOWE 1979] J. Zowe, S. Kurcyusz: *Regularity and stability for the mathematical programming problem in Banach spaces*, Applied Mathematics and Optimization, Vol. 5, No. 1, pp. 49–62, 1979

Die VDM Verlagsservicegesellschaft sucht für wissenschaftliche Verlage abgeschlossene und herausragende

Dissertationen, Habilitationen, Diplomarbeiten, Master Theses, Magisterarbeiten usw.

für die kostenlose Publikation als Fachbuch.

Sie verfügen über eine Arbeit, die hohen inhaltlichen und formalen Ansprüchen genügt, und haben Interesse an einer honorarvergüteten Publikation?

Dann senden Sie bitte erste Informationen über sich und Ihre Arbeit per Email an *info@vdm-vsg.de*.

Sie erhalten kurzfristig unser Feedback!

VDM Verlagsservicegesellschaft mbH
Dudweiler Landstr. 99   Telefon +49 681 3720 174
D - 66123 Saarbrücken   Fax   +49 681 3720 1749
www.vdm-vsg.de

Die VDM Verlagsservicegesellschaft mbH vertritt

Printed by Books on Demand GmbH, Norderstedt / Germany